為您服務

米其林三星餐廳的待客之道

POUR VOUS SERVIR

LES SECRETS DU « MEILLEUR MAÎTRE D'HÔTEL DU MONDE »

作者　丹尼・庫蒂雅德 Denis Courtiade
卡蜜兒・賽亞 Camille Sayart
翻譯　林惠敏

「顧客是我們營業場所最重要的訪客。

顧客並不依賴我們，

是我們依賴他們。

顧客不是我們工作上的煩惱。

他們是我們工作的宗旨。

顧客並非和我們的事務不相干。

他們就是我們事務的一部分。

我們在服務顧客時並不是在幫他們的忙。

是他們在幫我們的忙，

給我們這樣的機會。」

聖雄甘地

目錄

盧伊・巴雷的前言

Préface de Loïc Ballet

沒有美味的料理，就不會有餐飲服務，就如同沒有優質的服務，就不會有美味的料理。進入一間餐廳，就像參與馬拉松、接力賽一樣。當然，菜是從廚房裡送來的，但在顧客點菜時卻是由餐廳領班引導顧客，並促使他們做出選擇！而且在料理完成時，送上這道菜的一樣是餐廳領班。對我來說，餐廳領班是說故事的人，是火炬手，他在這連鎖反應中是不可或缺的環節。

沒有侍酒師或服務生的餐廳會變成什麼樣子？餐廳裡的工作人員往往，甚至可以說太常受到遺忘，而我認為這是我的過失。

在為法國電視二台（France 2）晨間節目《Télématin》拍攝的第一天早上所錄製的將近三百個主題中，很少主題與這項服務有關。

在法國餐廳裡施展魔法的正是餐飲服務：許多小細節讓某人成為美食家，並將飲食的行為轉變成美夢一場，這就是餐廳服務團隊的祕密。

丹尼．庫蒂雅德為了這個祕密奉獻了一生。我第一次遇見他是在他的故鄉，位在敘雷訥（Suresnes）的家。當時我們兩人都在念中學，沉浸在飯店管理和餐飲業的討論中。當我看到他在其他中學生面前，宣傳他當餐廳領班時工作的快樂，我心想：「他真有熱情！」我相信在那一天，他改變了許多人的想法。因為丹尼的眼中閃耀著光芒，那就像是聖火的光芒。好像只要有丹尼在的地方，這樣的熱情就會被傳染。

儘管這名來自敘雷訥的小夥子將他的一生奉獻給飯店和餐飲，但他的心卻致力於傳承，傳遞著他對這份工作的熱愛。事實上，若沒有培養出對這一行的愛，我們無法成為飯店的餐廳領班或侍酒師。是的，餐飲業也可以是充滿熱情的行業。我甚至會說，必須要如此。因為如果缺乏對這一行的愛，顧客是會感受到的。在走到餐桌入座時，還有什麼比發現侍酒師或服務生眼中閃爍的熱情目光更迷人的呢？

因此，當丹尼．庫蒂雅德請我撰寫他這本書的前言時，我自問：「為何是我，一個三十幾歲的年輕美食專欄作家，我有何資格為全球最佳餐廳領班的回憶錄撰寫前言？」

如果我接受了，比較像是為了好友丹尼而寫，而不是為了全球最佳餐廳領班而寫。

我對他創立了 Ô Service 這個協會感到無比欽佩，而這個協會的宗旨是致力於開發未來的人才。他竭盡所能將自己對這個行業的所知傳承給下一代，這份精神令我衷心欽佩。他已將餐飲管理的技能提升至藝術等級！事實上，法國美食的神奇與偉大就是這麼流傳下來的。

法國電視二台晨間節目《Télématin》
好奇心旺盛且貪愛美食的美食專欄作家
盧伊．巴雷

「你是經理嗎？」

« Are you the manager? »

「你是餐廳的經理嗎？」當有顧客這麼呼喚我時，這絕不是一個好兆頭……一對夫婦的視線已經持續盯著服務人員好幾分鐘。我立刻快步穿越餐廳，在數以萬計的施華洛世奇水晶下，來到了氣氛不太妙的這桌處理狀況。先生較為克制情緒，而太太則是以生硬的語調說話。她以德語或瑞士德語特有的齒齦顫音將音節分開，並帶著口音說：「你是餐廳的經理嗎？」我的老天，我知道這是什麼情況……接下來會發生什麼事？在聆聽顧客的論點之前，我抬頭挺胸，站穩腳步，用漫長而不引人注目的呼吸將自己的心跳放慢。

雅典娜廣場飯店（Plaza Athénée）餐廳的用餐區實際上是我的房間、我的遊戲場、我的寶寶，這是我從事這一行超過三十六年的地方，而且其中有二十八年的時間是跟隨偉大的主廚艾倫·杜卡斯（Alain Ducasse）。他認為我是他最忠誠的夥伴之一。我們兩人都知道，他的名聲是我幫忙扛起的。雖然我的服務被廣為認同，但我保持著謙虛的心，我幾乎不敢說我被同行選為全球最佳餐廳領班……但在這對不滿意的夫婦顧客面前，我的所有頭銜都消散了。這位女士坐在她的位子上，皺著眉頭拋出這樣的問題：「你們有幾顆星？」她抬頭望向高大的我。為了平衡我居高臨下的站姿，我在聲音裡刻意加強了謙虛，但仍然堅守崗位。

我說：「我們有米其林三星。」

她很驚訝地說：「噢，是嗎？我們真的不懂你們的料理！我們期待的是傳統的法國美食、平民美食、巴黎美食，包括餡餅、家禽佐醬汁、小牛胸腺……就像喬治五世（George V）或布里斯托

（Bristol）餐廳一樣。」

我微笑著表示贊同。我花了幾秒鐘的時間分析，以便掌握狀況。我認為這類不滿的導火線大多來自於誤解。我留意我的姿態，讓我的肢體語言也能支持我的論點：

「我明白……我們顯然沒有好好傾聽你們的需求。請容我再度向你們解釋，這次會更詳細地說明，我們稱我們的料理方法為「自然派」（Naturalite）。廚師主要使用三種食材（魚、蔬菜、穀物），概念是少鹽、少糖、少油的料理，並使用較少的動物性蛋白。我們提倡更現代的料理方法。」

這名女士維持著略帶嘲諷的笑容。艾倫．杜卡斯經常將我比作四輪傳動車：不管將我擺在任何的地形，我的四輪車頭無論如何都可以跨越一個又一個的障礙。續航力最重要對吧？

這名女士直白地說：「我們不了解你們的理念。我們不習慣吃這樣的料理。」

我溫和但堅決地表達主張。顧客越是表達不贊同，我就越努力安撫。

我說：「請好好享用你們的晚餐。而且如果可以的話，我會建議你們再回來感受不同的體驗，第二次應該更能理解第一次的體驗。」

我一邊說，一邊遞出了我的名片。我一再解釋我們餐廳在烹飪上的承諾，就如同二〇一四年艾倫．杜卡斯提出的概念。繼尚馮索．皮埃居（Jean-François Piège）、克里斯托夫．莫雷（Christophe Moret）和克里斯托夫．聖塔涅（Christophe Saintagne）之後接任的主廚羅曼．麥德（Romain

Meder），也展現他對自然派的觀點，包括蔬菜、魚、穀物、當季食材，但沒有肉。有人很喜歡，有人很討厭，而介於這兩者之間的溫和派不太常上餐廳用餐。

我始終面帶微笑地說著：「我將花更多的時間陪伴你們。你們知道，自然派的體驗就像這樣，但能觸動所有人。我們的料理非常突出鮮明，因此會形成非常強烈的特色。酸味極酸，苦味極苦……我們供應的是一位非常獨特的創作者的料理，我們樂於捍衛並陪伴這位創作者。你知道我們的主廚羅曼．麥德嗎？」

「不知道……」

「我建議你們可以在用餐結束後去見見他。你們覺得如何？」

我的顧客瞬間閃現贊同與體諒，但又壓抑了下來。這會是突破口嗎？很接近了……但他們仍固守在他們原來的位置。

「不，謝謝。我們不想要您的名片。我們不想再來了。」

「我無意冒犯……你們可以保留我的名片和個人電話號碼。請過幾個月再聯絡我，我保證，而且我們整個團隊都保證會讓你們度過此生最美好的美食之夜。相信我，我會等候你們的到來。」

我悄悄離開餐桌，以減輕我的存在感。結帳時，我總是會考慮顧客的評論。我的商業行為會依我的認知而定，即我寶貴的顧客是否認為餐飲品質不值得付出這樣的價格？我陪這對夫妻走到櫃檯。我迷人的女接待員麗塔急忙帶上他們的大衣，並保持著她燦爛的地中海式微笑。作為道別，希望能很快再見到他們，我使出最終的殷勤手段：

「請讓我送你們一盒艾倫．杜卡斯工坊的巧克力。請你們品嘗看看這些非常出色的巧克力。你們有我的名片，因此請不要猶豫，期待能再次見到你們。」

這些瑞士德國人被收買了。他們離開了雅典娜廣場飯店，不滿的情緒已較為舒緩。我認為他們覺得自己受到認真且專業地傾聽、理解和對待。然後我回到餐廳裡，繼續提供餐飲服務，戲還是得繼續演下去。

無論如何，我都得回答這個問題：是的，我是經理！或者說我成為了經理，我成為了某人，我成為了某號人物，甚至是某號角色！

但……在這之前呢？好吧，我就和大家一樣，我誰也不是。

1・內在小孩

I. L'enfant en soi

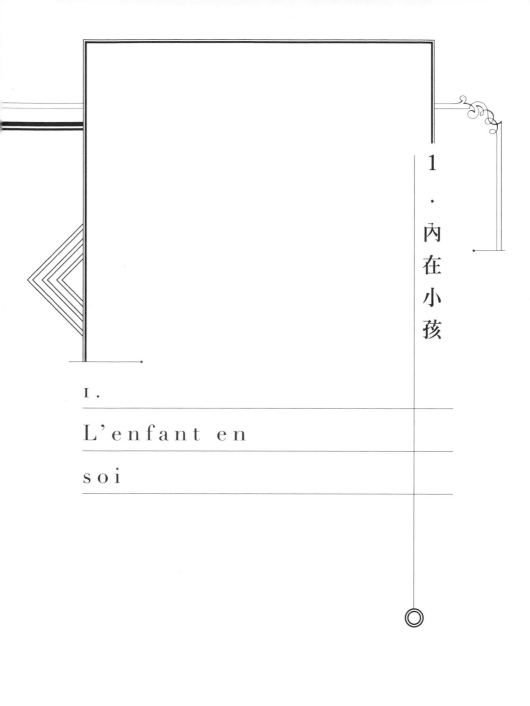

太急著長大

那我們今天要吃什麼呢？我打開冰箱門，有幾片巴達維亞生菜、幾片白火腿、一包格律耶爾乳酪絲（gruyère râpé）……為了討好我的父母，我經常會主動準備飯菜，我像模範生般活力滿滿地維持著我們公寓裡的整潔，開始用海綿、拖把、吸塵器進行清理……房子立刻變得更整齊宜人。這讓我的父母下班回家時很高興！我期待他們會溫柔地關心孩子，他們會帶著微笑，給這個尋求認同的勇敢小夥子獎賞。

我的父母總是忙於工作，我們相處的時間很少。經常由保母來照顧我們。我母親是一家為家庭安裝廚房的公司員工，晚上約九點才會回家。而在更晚，當我的父親從他服務的著名米其林餐廳，即距離凱旋門五十公尺的卡諾大街回家時，我和哥哥已經睡著了。

如果他們在花盆下留下五十元法郎的紙鈔，我就會出門並來到巴黎西郊一個安靜的城市：敘雷訥的街道上，即我們公營住宅公寓的所在地。我帶著輕鬆的心情前往超市，購買需要的東西，有時我會在我軋別丁風衣的口袋裡放一片巧克力，並等著上學要和我的朋友們分享我的戰利品，就像羅賓漢一樣：羽毛裝飾、個人魅力展現等等，都是這名英雄人物給我的啟發……除了我會慷慨地分送糖果以外，我的同學們也很欣賞我在學生餐廳裡的表演，就像一名我的顧客兼學校同學史蒂芬・凱特利提醒我的：扔豆子、鮮乳酪大戰，以及搭配一連串雙關語的滑稽動作。「這很棒，你有思華力腸（cervelas，音同：serve là 在那裡服務）」、「他有薩拉米香腸（salami，音同：sale ami 骯髒的朋友）」、「我看你很有分寸（décimètre，音同：還沒決定，主人）」……這些玩笑話在我出身的飯店餐飲管理圈裡流傳。我的祖父加斯東（Gaston）曾先後在克拉里奇飯店（Claridge）和麗思飯店（Ritz）擔任會計，他以兩法郎六生丁為代價帶回了這些雙關語，但也帶回了優雅的料理、味道精美的小茶點，以及形形色色顧客的各種軼事。我大叫：「派翠克，幫我拿兩個杯子來！」派翠克．德威爾（Patrick Dewaere）是演員……我的朋友們咯咯笑，我很高興至少在學校這裡可以引起注意。因為在餐廳裡，我們還沒能贏得這方面的重視。

我從冰箱裡隨手拿了生菜沙拉。那天我靈感大發，我將白吐司切丁，加入綠葉蔬菜、火腿丁、格律耶爾乳酪絲等混料中，再全部淋上油醋醬。我將沙拉碗擺在三個形成我生命重心的大人：媽媽、爸爸，以及我的大哥洛朗面前。他們開始用餐，以審慎的神情品嚐著。他們不但沒有稱讚我的作品，反倒開始大聲嘲笑：再來一份！洛朗大叫：「你應該烤一下麵包！」父母親表示同意，這樣麵包會更酥脆，而不是被油醋醬給浸濕。我忍著眼淚接受他們的嘲笑。媽媽抱怨我愛生氣的性格，或許該說是愛賭氣，當然也很愛哭。我不得不承認，我有愛流淚的問題。她又說一遍，她比較想要女孩，而我是個哭個不停的男孩。我就像我媽媽一樣，超級敏感，情感極端外露。她說我是死產兒，臍帶纏在我脖子上，讓我變紅、變藍，失去了意識，但他們將我救活了。我在一九六六年八月三日出生的那天存活了下來。

我母親曾經數度企圖結束她的生命。知道這件事後，沒有人會對她這個人投以絲毫的關注，因為她想自私地放棄自己的人生。有時她會靠近窗戶，提高嗓門說：「你們都不關心我，我要跳下去了！」那天晚上，她打開我們的房門，不讓我們睡，她的這種高敏感特質也嚴重影響她自己的健康狀況。在玩著拼字遊戲或打破砂鍋問到底（Trivial Pursuit，棋盤式問答益智遊戲）時，她吞下她的威士忌，一邊抽著雪茄，一再起身，連續播放義大利裔比利時歌手薩爾瓦多．阿達莫（Salvatore Adamo）的同一張唱片，歌詞唱著：「雪花飄落，你今晚不來，雪花飄落，而我的心身穿黑色……。你今晚不來，雪花飄落，全是絕望的白。」遊戲繼續，在玩打破砂鍋問到底時，我脫口而出我這個年齡會回答的答案；而在拼字遊戲時，我自己發明了新詞，他們三人都在笑我的愚蠢。我感到惱怒，經常轉而找我哥哥吵架，而我母親就像優秀的騎士般，揮揮鞭子，將這兩個小夥子分開，同時大叫：「養兩個孩子還不如養十隻狗！」

在這樣的環境下，孩子就像種子正在盡力萌芽。我可以明確地感受到，我童年時內心因為我母親的困境、我父親的沉默寡言，以及他們對我哥哥的某種偏愛所苦。他們對我造成多大的傷害！但這只會更助長我的決心。我決心證明我的價值存在於洛朗的陰影之外。他只大我一歲，比較時更容易對我不利：我的哥哥代表完美的孩子，什麼都好，人又帥，一切都令人安心，他是班上的第一名，足球也很厲害，就像法國足球巨星洛朗．勃朗（Laurent Blanc）輕鬆自如地掌控著比賽。我很愛他，儘管這樣的競爭讓我不想過度仰慕他，一方面我總是試圖證明我能夠做得更好。

由於父母工作繁忙，我們只能在禮拜天進行家庭的例行活動：爸爸會以高分貝的音量叫我們起床，而靈魂音樂和美國歌手艾薩克・海斯（Isaac Hayes）的聲音蔓延至我們的房間。在他到下敘雷訥的商業區購物時，他經常會帶回烤春雞，我們一家四口會一起看著雅克・馬丁（Jacques Martin）和他的諷刺作家團組成的《小報告員》（Le Petit Rapporteur）節目，一邊品嚐。飯後我父親通常會在桌上擺上蘭姆巴巴蛋糕，即他最愛的甜點。我們才剛坐上沙發，我母親就搖了搖我們。我們必須輪流為她揉腳……我喜歡這隱晦的親熱舉動。接著是星期天的外出時刻。她為 Lhémir Srinagar des Ailes 打扮，即我們披著金色毛皮的波斯獵兔犬。牠是很特殊的狗，是國際選美錦標賽冠軍，在四個國家中是該品種的第一名。牠甚至為某本書的封面擺姿勢拍照，展現狗兒的榮耀。但牠的兒子 Shriba de Morton Hall 則較缺乏先天上的優勢，因此並沒有獲得同樣的榮譽。

如果外國的展覽和比賽剛好在周末，我的父母也會享受冬季在大博爾南、夏季在南部靠近聖拉斐爾的美好假期。在這些充滿陽光的假期裡，我除了玩球、打牌、尋寶遊戲等歡樂的回憶，也有強烈的爆炸性衝突……我的家族有時會顯現出南方部落的特質。在煙霧瀰漫的駕駛艙後方坐了一天的車，伴隨著長時間的暈車，漫長的假期就這樣結束了（當時的大人不太會顧慮到孩子的舒適度）。

我的父母會不假思索地懲罰我，不讓我出門，想逼我背誦九九乘法表，但還是無濟於事，我只好重念小學五年級（CM2），學校不是我成功的地方。我一到上中學的年紀，就開始到餐廳裡幫我父親的忙：他派我到餐廳裡服務名人顧客，有時是像比利時歌手雅克．布雷爾（Jacques Brel）這樣的大明星，這是我們家族的驕傲。在吧台後面，我構思著雞尾酒，在廚房裡我則負責洗碗。主廚在為我的十二歲生日做蛋糕，我吹了蠟燭，我急著長大。當我父親邀請我哥哥的足球隊來餐廳用餐時（當時洛朗正在考慮他的足球生涯），我在他的朋友面前自作聰明，我呼喊其中一位服務生，用還很稚嫩的童音說：「我說奴隸啊，給我一塊麵包！」出乎意料地，他照著做了。當天晚上，我的父親叫我過去：「你講了那個詞？」我低著頭承認了，看來那名服務生向他報告那一幕。那天晚上，我父親揍了我的臉，但除此之外，他從未訴諸肢體暴力。至於「奴隸」一詞，我再也沒說過。

當我們得知我們要搬到盧瓦雷，即我父母已建造幾年的第二個家時，我們也沒有發言權。我們在敘雷訥用紙箱打包，並在茹德里河畔維耶伊萊斯－邁松的大野路開箱。一開始，我父母接管了一間飯店餐廳：唐吉訶德（Le Don Quichotte），就位於吉安和布里的路上。後來在羅亞爾河畔敘利不遠處，確切地說是在博德，他們決定接管優秀之星（La Bonne Étoile）餐廳。我的母親放棄了她在巴黎的工作，投入餐飲業。

這全新的生活讓我變得黯淡無光，這略帶憂鬱的地區……讓我損失慘重！我當時十四歲，進入吉安中學念三年級，我失去了我的朋友。我的平均分數停滯在九至十分之間，我肯定會被退學。我也失去了我的自主權，因為還不到考駕照的年齡，我的母親禁止我騎摩托車。就這樣，我必須仰賴父母的時間安排。平日晚上，我和哥哥一起在寄宿學校睡覺。周末，我大部分的時間都待在餐廳裡。「男孩們，下來！來幫我們做配菜。來幫忙上菜！專心投入！喂，丹尼，有顧客想見你，下來！」我們在服務結束時的下午茶時間享用午餐，我們的話題總是圍繞著顧客，大多數年長者都愛我父親不是很得體的玩笑。在等待回家時，為了排遣在餐廳裡漫長的無聊時光，我會練習做糕點。我創作了拉長版閃電泡芙的塞餡泡芙。我父親興奮地說：「噢，你做的東西很棒！」他加入一匙的英式奶油醬或香醍鮮奶油，並急忙在餐廳裡販售我的甜點。

我越來越常待在廚房裡，我將實驗擴大至檸檬磅蛋糕的概念，並用過多的紅色食用色素進行裝飾，結果形成紅色的檸檬磅蛋糕，味道令人困惑。這沒關係，我會成為甜點師！我拒絕繼續上一般的課程，轉向實習，而不是進入中等教育。我在一九八二年考取我的 BEPC（法國初級中學會考）。我的父親向盧瓦雷的機構提出申請，而羅亞爾河畔敘利的一間機構接受了我，我打包準備離開。

當我父親將車停在餐廳前時，我看到經理一臉歉意地搖搖頭：

「我無法再招收學徒了……」

我的父親非常驚訝：「噢，為什麼會這樣？」

「我已經在控制人數了，我不能再放行了。」

我們也不再堅持。回到車上，我父親試圖安慰我：「我們再等等其他的回覆……」

幾天後，盧瓦雷的大餐廳：騎士居飯店（Auberge des Templiers），當時是一流的法國美食餐廳，曾在此任職的名廚包括米歇爾・蓋哈（Michel Guérard）、馬克・梅諾（Marc Meneau）、喬治・布蘭（Georges Blanc）、保羅・博古斯（Paul Bocuse），而這家餐廳寄給我一封正面回應的信。他們已經沒有甜點師的職位，但可以為我提供餐飲服務的職務。我立刻接受了。我想獨立自主，我想盡快離家。我的父母幫我打包行李。騎士居飯店！多麼令人驕傲！我是幸運星嗎？從巴黎的星辰餐廳（Etoiles）到盧瓦雷的優秀之星餐廳，從我的職業生涯一開始，就一路被推至米其林的星級餐廳。

我從未切過兔子，
更別說是整隻的兔子……

野豬和鹿頭標本掛在騎士居飯店的牆上，就在實心橡木的外露橫樑上。野味在廚房裡也備受禮遇：除了火燒山鶉以外，還有山鶉佐奶油高麗菜、栗烤雉雞、紅酒洋蔥燒野味、野兔和鹿肉陶罐派……餐廳還特別供應索洛涅地區的野豬頭肉凍搭配秋季醃蔬菜。

顧客立即認出這是預先挖去嘴部和耳部的野豬頭，並填入餡料，接著再從眼睛和嘴巴處縫合。豬肉經過烤箱烘烤，烘烤完成後，在皮上鋪上薄薄一層凝膠。在我的分區主管蓋・佩爾蒂埃的注視與建議下，我用很重的吉安瓷盤將這道豬頭肉凍端給顧客。必須理解的是，顧客面對的是一整顆的野豬頭：嘴、尖耳朵、閉上的眼皮……這樣的景象令人印象深刻。

我在他的餐桌前，以精準的動作切下一片肉凍。我加上醃製蔬菜，將盤子擺在顧客面前：「敬請享用！」這傳統的切割儀式需要服務生確實地掌控。在這間飯店裡，餐廳裡大部分的準備工作都需要非常高階的技能：切陶罐派、煙燻鮭魚切片、鴨肝慕斯湯匙塑形……每種情況都賦予我學習的機會，尤其是在負責管理階層的餐桌時。

我也不知道為什麼在我還不是學徒時我就必須擔任這個角色。原則上我只需往返廚房和用餐區之間，然而分區主管基於餐廳領班的職責，必須要照顧顧客。但沒有人願意冒險去服務管理階層，因為擔心「被流彈打到」，在這行裡這是用來表示因為原則而受到指責，而不是因為所犯的過錯……而他們急著將這樣的重責大任交託於我。

戴貝（Dépée）家族確實是所有顧客中要求最高的，因為他們打算保有他們餐廳的第二顆星。難以滿足，時時刻刻等待著任何一點小錯誤，而且很急，他們只有六十分鐘吃完這頓飯。那天，管理階層點了一整隻的動物烤肉搭配芥末醬。我驚訝地瞪大了眼睛。

我驚呼：「這是一整隻的兔子嗎？」

「你覺得呢？」

「那你覺得呢？」主廚克里斯蒂安・威勒在廚房通道後方訓斥地說，那就是他擺放上菜料理的地方。

這個位於用餐區和廚房之間的關鍵位置是我們兩種職務的交會點。廚師成了傳球者，而餐廳領班就是他料理的使者。廚師在傳球時會掌控（配方）擺盤的完成度，讓所有食材都擺在適當的位置，並遵照適當的烹調方式。餐廳領班待廚師確認後才能取菜，並以穩健的步伐緩緩地走向餐桌，在服務時述說這道菜的故事……

我端詳著兔子說：「要切嗎？」

「是啊！」

「但……我從來沒切過兔子！」

在他的兩位副手尚馬希·高堤耶和菲利普·拉貝打趣的笑聲後，他聳了聳肩。我不情願地將兔子帶到後面稱為「魚池室」的房間裡，那裡擺放著巨大的水族箱，以及龍蝦和小龍蝦的儲存槽。我來到管理人員的餐桌。

傑克·戴貝是位個子不高的先生，但他相當受人敬重，也表示他有多麼嚴厲。出身於飯店業的戴貝先生在距離羅亞爾河谷城堡幾公里處買下了這座十八世紀的古老驛站。這個地方令人印象深刻，從餐廳的露台望出去是一望無際的廣大花園。主樓周圍有幾棟附屬建築。顧客可以在莊園、貴族鄉村住宅或小屋裡過夜。我經常負責早餐的托盤擺放，我會一大清早穿上我深綠色的洛登大衣，穿過這廣大的府邸，不論刮風還是下雨；有時我的腳也會陷入厚厚的積雪層中。我順從地做著各種雜務：

無止盡地清洗吉安瓷盤、獎杯、號角、狩獵雕刻，不論是黃銅、銅製，還是青銅……為了保養極為古老的石頭地板，我鋪上混有香精的厚厚一層蠟，然後再打蠟。有時我們為了好玩，會像頑童般在轉彎處加上兩層蠟，當有顧客差點摔在地上時，我們會偷笑。我們抖抖地毯，擦拭木建築部分。我們還負責游泳池的維護：清理水面的葉子、確保水中吸塵器良好運作……我的一天從黎明開始，並一直持續至深夜。

現在的年輕人不會接受如此艱辛的條件，但就個人而言，這非常適合我。而且我很熟悉餐飲界，我喜歡這裡的人際關係、氣味和美味。烤大菱鮃佐迷迭香和洋蔥，配菜具有出色的糖漬味，在我的鼻孔和味蕾中留下深刻的印記。工作中建立起的同事情誼、帶給人快樂、探索美酒佳肴、我做出的努力……以上種種成就了我現在這個人，讓我在家庭以外的地方成長。在我拿到第一份薪水時，我非常驕傲能為這間餐廳的盛名做出貢獻。小費對我來說似乎是額外的紅利，雖然事後看來，每周五十法郎（約七．五歐元，大概是新台幣二五五元）也並不是很多。

我羞澀地說：「我幫您把糖放到桌上？」

戴貝先生大叫：「不，你放到軍事博物館好了！」

就這樣開了第一槍。戰爭開打。明顯惱怒的他會拉我的白色西裝上衣去擦我留在銀餐罩上面的小污點嗎？今天休想。越來越不自在的我，開始用非常笨拙的方式攻擊兔子的切法。我們親熱地稱為祖母的戴貝夫人較常關注的是飯店裡的和諧，她以親切的笑容問我：「親愛的，還好嗎？」我勉為其難地點點頭。菲利普的第二任妻子法蘭索瓦絲·戴貝只是溫柔地看著我。而菲利普先生，因為目光冷峻銳利，所有員工都怕他。但這一天，他很快就對我表示同情。他回應我：「孩子，看著我，我會教你怎麼切兔子！」我就是這麼學到切割全兔的技術。三十年後，在餐廳領班獎盃成立時，我想讓我們的候選人接受這個來自另一個時代的考驗，見證一項大多數餐廳領班今日已不再需要的技能，讓他們得以一窺我的學徒生涯。

我的行程規劃是一星期工作，一星期在奧爾良的學徒培訓中心。在騎士居飯店，我和一名廚師艾維同住一個房間。艾維先生是我第一次從塔納俱樂部夜總會出來時陪著我的夥伴，現在已經是設計師，並以 Mat & Jewski 的名稱聞名。我會向周末來找我的父母報告我出色的成績，我每個科目都是最優秀的。這些理論令我感興趣，因為它們和我的工作領域息息相關。一瓶七五〇毫升的香檳可以裝滿幾杯高腳杯？受到這些具體例子的激勵，我樂於充實我的知識。一九八三年四月二八日，傑克·戴貝在我的成績單上草草寫著：「他的認真，以及精益求精的企圖心，讓我們相信他會成功」。

「看著，好好學！」

在騎士居飯店，我利用休息時間溜到酒吧後面，混合香檳和草莓、皮姆琴酒（Pimm's）和小黃瓜、伏特加和葫蘆綠薄荷酒（Get 27）、青檸檬和通寧水，調製各種雞尾酒……沒有限制！只要一有機會，我就會找分區主管來給我意見：「嘿，來嚐嚐我的雞尾酒吧！」當我認出我的經理兼導師的無尾禮服那天，我停止了我的祕密實驗：艾倫．弗朗科茲（Alain Francoz）在飯店走道裡展現他的親切和警覺，這使他成為非常出色的餐廳領班。他以旁分將細黑髮分開。我被他當場抓到我在酒吧後面嬉鬧。弗朗科茲先生堅持以身作則，而且總是熱心傳授他的知識給年輕人，他完全沒有生氣，聞了聞我以蘭姆酒、椰子和鳳梨為基底的飲品。他做了個鬼臉：「你看到你放的量了嗎？這太可笑了！看著。」而我還在臉紅時，他已經將這樣的情況轉變為教學的工具：他優雅地清空杯子，調整份量，重新調起我的雞尾酒。還有一次，我的經理發現我將拖把拿在指尖：我假裝在清潔，但其實我因為髒布的發霉纖維所散發出的惡臭感到噁心。艾倫．弗朗科茲用他總是溫柔且帶著尊重的聲音叫住我，同時流露出他既有男子氣概又陰柔的人格特質：「丹尼，你是個聰明的男孩。因此，請看著，好好學！」他脫下他無尾禮服的西裝上衣，裝了一桶熱肥皂水和一桶冷水，代替我擦起辦公室的地板。我是如此地羞惱！為了給我上這一堂課，他並不需要做到這樣。

在我實習期間，我向我的上司證明我確實如他們所想的具有天賦。我盡力執行別人交託給我的所有任務，而且我不允許自己有任何的行為偏差。但我驚訝地發現，這種正直並不是大家共有的價值觀。事實上，某天有位顧客叫住我，她驚慌失措地對我說：「我有個金色的都彭（Dupont）打火機擺在桌上。結果不見了！」我將訊息傳達給侍酒師助理。

他加以證實：「對，對，我找到了打火機，而且帶到了櫃檯。另一個顧客跟我說那是她的……她帶著它離開了。」

我說：「噢，糟糕，應該要跟分區主管說一聲。」他趕緊回答：「不，我們什麼也沒看見，算了吧。」

我也不再堅持。餐飲服務繼續。顧客離開了餐廳，不久後在警車的護送下返回。她肯定地說：「我的打火機就放在桌上，我非常確定！有人從桌上偷走了。」我從遠處觀察情況。侍酒師助理這時開始啜泣，警察押著他到他的房間，戴貝先生搜查嫌犯的梳洗用品，找到了失竊的打火機！他也找到十幾個香檳空瓶。他大喊：「將所有人員的房間都打開！」結果偷來的酒瓶隨處可見。結束餐飲服務的員工在經過廚房時偷了酒，希望沒人察覺到如此微小的竊盜行為。管理階層立即在走廊上張貼公告：「請所有參與香檳之夜的人出來自首。」參與者必須將名字寫在下面。我知道有這樣的祕密交易，但我並沒有參與。我根本不喝酒！以什麼道德為名，我要自稱有罪？

戴貝先生直視我的雙眼，他的臉距離我的臉只有幾公分遠，他大聲威赫：「不自首的人將被解雇！」

「可是戴貝先生，我不喝香檳。」

這樣的細節足以讓管理階層相信我的清白。禍患根除、罪犯被解僱、帳款結清，我的聲望也略為提升：年輕的庫蒂雅德代表著典型的誠實、正直、守規矩……的小夥子。而我的信用又因蘭伯頓先生而更進一步得到保證。他是位不尋常的顧客，在餐飲服務結束時出現在我父母親的餐廳。那時是下午四點，我們正在吃午餐。有人來敲門。我父親立刻從小圓窗認出了蘭伯頓先生，他很驚訝地說：「這是中午獨自在四號桌用餐的先生嗎？」他開了門。

這名男子說：「你好，又見面了。我今天中午有到這裡來用餐，這是我的評鑑員證（他用手指遮住紙張上登記的真實姓名），我是米其林指南的評鑑員。」我父親瞬間臉色大變。多虧有這次和紅色指南人員的首度交鋒，我才明白評鑑員來訪的重要性，以及如必比登推介（Bib）等獎勵的重要性。必比登推介是代表「米其林心動類別」的獎項，每年會視情況授予和收回這如此令人垂涎的星級評等，而評鑑依據是視餐廳的聲譽而定，尤其是營業額的變化。後來他們進行漫長的交談，並參觀了公共區域和廚房，也視察了冷藏室……

隔天我向弗朗科茲先生描述這件軼事。他查看了預約名單。

他的眼睛發亮：「賓果！我們中午有位顧客獨自來吃飯，他叫朗伯特先生！你有看到他嗎？」

「有。」

「你能夠認出他來嗎？」

「當然可以！」

紅色警報。餐廳成了即將沉沒的潛水艇，所有人堅守崗位！「丹尼，你到酒吧後面，你一認出他來，就向我點點頭，然後立刻找空檔離開好嗎？你不能被他看到！」我們開始等候，餐廳的門打開，已有三組客人。我認出蘭伯頓先生的臉。就像在玩貓抓老鼠的遊戲，只是這次會由貓勝出。我們像對待國王般招待蘭伯頓先生，讓他在餐廳裡最漂亮的餐桌就座。餐廳領班在廚房的所有通道都擺放了白色桌布。配餐室瞬間多了許多花束點綴，這是過去從未見過的景象。所有人都因為這次評鑑能在理想的狀態下展開而感到高興。戴貝先生塞給我一張五百法郎的鈔票做為感謝。

這類的小獎金、我四百法郎的月薪，以及夜間外出到舞廳跳舞，讓我的生活變得豐富多彩，我確實得到了解放。我的幸福只缺乏一個元素：我的行動自由。我興沖沖地報考駕照。我的父母答應我，如果我沒有兩輪車的話，他們會送我我的第一輛車。我還記得我在盧瓦雷的路邊豎起大拇指，想搭便車到我家的餐廳，我蘋果綠且充滿運動風的二手 Simca 1000 就在那裡等著我。

一九八四年，在我十八歲時，我取得了我的「飯店餐飲管理」CAP 職業能力證書。我是該領域的第一名。「理所當然！」我父母的評論總是這麼鼓舞人心……

花園裡採摘香草

騎士居飯店再度以助手的身分雇用我六個月的時間，一直持續到年度歇業為止。我越來越有自信。為了加速我的訓練，讓我能以最快的速度成長，我樂於承擔超出我份內工作的職務，希望能同時被指派兩項不同的任務，一個複雜和一個簡單的任務。「蓋先生，小羔羊能由我來處理嗎？」他驚呼一聲：「什麼！但你要做什麼？為何你要同時處理兩項工作？」因為我覺得我可以勝任，在羊排上劃三刀，這是我能力所及的切割工作。除了煙燻鮭魚以外，我已經掌握了大部分的準備工作。煙燻鮭魚我可以切出漂亮的第一片，但要連續切出三片一致的薄片需要靈活的技術，這是我仍需要學習的。

某天，一位副廚遞給我一個桶子並對我說：

「幫我去採一些香草莢回來，你可以在露台處的花園裡找到香草莢樹。」

「好的！」

而我到花園尋找著名的香草莢樹。我放好我的小梯子，開始採摘。有一、兩次我把香草莢弄破，我想：「這香草味不是很重，但好吧……」我回到廚房。副廚接過裝有香草的桶子，然後全部倒進垃圾桶裡：「你採的香草莢不夠成熟！你再回去採。」我因為工作做得不好而感到失望，再度走回我的樹下。某位分區主管撞見我正在採香草莢，他放聲大笑地說：「啊，你是被整的新人，可憐的孩子！這棵樹是梓木，結果時會長出驚人的巨大豆莢……但它從來就不會長出香草莢！」

我不知道這年輕人的小小失誤是否會傳到管理階層的耳中。每當我的合約到期，傑克．戴貝似乎對我的未來都抱有期許。他堅決要求：「你必須去英格蘭。你必須學英語。」

打破語言障礙

法國的歷史、遺產和美食每年吸引超過八千四百萬的外國遊客。法國始終是全球最多人造訪的國家！餐廳領班使用外語顯然可打破隔閡，並與外國顧客建立密切的關係。餐廳領班用顧客的語言說話可為顧客帶來安心感和某種程度的認同。在我們的日常生活中，我們的一切行動都必須能夠隨機應變，但同時又要保留我們法式餐飲服務的理念。旅人顧客非常「寶貴」，我們應提供陪伴和引導。語言的隔閡不應阻礙我們的演變和專業的發展。我建議所有年輕學徒應考慮將英語做為他們學習中最重要的科目。

使用莎士比亞的語言是所有餐廳領班必備的技能。給所有正在受訓的年輕人忠告：去學一門外語，英文是最基本的，而這絕對是你重要的資源！你別無選擇！請相信我的經驗。

濃濃的英國風！

英格蘭，這個遙遠的國家，這個位於世界盡頭的小島……一九八五年，我離開法國到英格蘭生活，離鄉背景帶來了痛苦，但也是真正的冒險。在我離開那天，我父母很體貼地陪我到奧利機場。我降落在倫敦。當時既沒有網路，也沒有手機這樣的技術，身無分文的我就這樣孤身來到這裡。我一直想來場遠離家人的旅行，如今願望已實現。當我發音不標準地向計程車司機表明我的目的地：「我想去梅德內德（Medened）」時，他皺起了眉頭。

梅登黑德（Maidenhead）位於倫敦北方二十五公里處，靠近溫莎。計程車司機將我帶到夏彭漢格（Shoppenhangers）的老舊莊園前。我發現一間特殊的房子。這棟建築的歷史可追溯至一二二八年，到處都是煙囪、盔甲、彩繪玻璃窗，濃濃的英國風！他們將我安置在一間房間裡。戴貝家族為我找了個分區主管的職務。如此年輕就能承擔這樣的重責大任令我受寵若驚，我興奮地心想我要更上一層樓了。

我很輕鬆就融入我新的工作環境，主要是因為這個團隊以法國人佔多數，我也和我新的合租房客奧利維．朱涅建立起友誼。但對英國嗜吃鹹甜美食的刻板印象引發了我的一些疑慮。我在約克夏布丁、牛肉佐薄荷醬、豬肉佐蘋果漬、小羔羊佐辣根醬、鴨肉佐香蕉餡面前保持沉默……「香蕉鑲餡艾爾斯伯里烤鴨排」，我仍記得這個奇特的名稱，其實就是將鴨胸肉切開，裡面塞入香蕉後再整個烘烤。

每天早上同一時間一再重複著喝茶的儀式。茶點時間是不變的傳統。員工們每到十點就會突然停下來喝一杯茶，而不是確認一切準備就緒。除了這件事很令人驚訝以外，我當然也因文化隔閡而犯了一些錯誤。例如為了表示二號桌的顧客來到，我會用食指和中指比出「V」形。我的主管向我解釋，這個手勢在英格蘭相當於比中指。

我一天天地適應，該莊園的團隊甚至頒給我當月最佳員工的稱號。這段旅居英國的時期也是我成為男人的開始：我遇見了梅蘭妮・科克，她是年輕的英國女性，在廚房裡工作，我很快就暱稱她為「我的小木塞」。而當然是為了打動我的第一個女友，我利用往返法國的旅程帶來我的 Simca 1000，後來因為手煞車多次在英國停車場偏移而拆壞，我的小車在英國度過它最後的日子。

接著我到達服兵役的年紀，是時候離開梅蘭妮並回到法國了。我大嫂在凡爾賽宮的軍官圈裡為我找到靠山，讓我可以在高階軍官的員工餐廳裡工作。在這一年期間，我先在 RMT（查德步兵團）接受短暫的戰鬥技術訓練，之後便輪流擔任倉庫管理員、會計和分區主管的角色，為將軍和上校服務。某天晚上，當我們為騎兵連約五十幾名軍人服務時，最高階的軍官起身敬酒。他最後說：「你們有見過騎兵用高腳杯喝酒的嗎？」接著他一刀將杯子的腳劈開。所有的騎兵也都跟著做了一樣的動作。五十個高腳杯瞬間破裂，庫存少了五十個高腳杯。

沙拉中的菌菇

我從小就對南法的藍天心生嚮往。離開巴黎到陽光普照的地區定居對我來說是很自然的發展。我的行李就擺放在穆崗驛站（Relais de Mougins）。但我才剛到就被我的團隊瞧不起。做為歡迎，我的上司要我擦拭三小時的銀器；清潔劑腐蝕我的手。接著，我不好的預感成真了。當我確信我們無法合作時，我悄悄地溜走了。我對經理說：「我要回家，南方不適合我！」其實南方並不是問題，問題在於管理階層認定我的接待品質很糟糕，而且缺乏雄心壯志：在這裡我大概只能充當跑腿、餐廳助理服務員的角色，就僅止於此。

這時我父親建議我找傑克先生，他是騎士居飯店的餐廳領班之一，我們都很喜歡他的熱情和獨樹一格的幽默感。我從觀察他學到這一行的小心機：如何用不同的方式來通過任何難關……沒有人可以像他這樣去達到自己的目的。傑克先生是典型的調解型侍者。他的正直並不妨礙他展現強烈且基本的同理心。自從我到騎士居飯店工作以來，我們之間一直保持著友好的關係。夏季時，他會到南部度假。後來他就搬到了南部。我想他或許可以幫我的忙。他現在在胡安娜飯店的胡安萊潘（Juan-les-Pins）餐廳工作，年輕的主廚艾倫．杜卡斯以創紀錄的速度摘下了米其林二星，這間餐廳已經成了蔚藍海岸的美食典範。

傑克先生熱情地接受我的請求。他對我說：「你來南方了，你要留在這裡。」經過他的協調，我在亨利・索瓦內（Henri Sauvanet）的代表性餐廳：穆然農場（Ferme de Mougins）找到分區主管的職務，那裡的廚房團隊工作表現十分出色。我在經理蜜雪兒・杜克和餐廳領班皮耶・蓋爾身旁變得越來越專業。我很喜歡和主廚派翠克・亨利胡合作，儘管他很苛求，但他是名真正的紳士。而且我們之間共有一個令人難忘的回憶：某天晚上，我們正在進行服務時，三名蒙面的武裝男子突然闖入餐廳的露台，並朝空中開火。他們逼我們打開收銀機，並將離入口最近的顧客剝光衣服。派翠克和他的副手跳上一台 Ténéré 600 摩托車，手上拿著獵槍，追捕著罪犯。兩名警察前來增援，警笛聲比他們 Renault 4L 的馬達還要響亮……這就是南方，簡直就像路易德・菲耐斯（Louis de Funès）在電影《千面金剛》（Fantômas）中追逐千面人的場景。多麼動人的團隊合作，多麼令人難忘的夜晚！那歹徒呢？還是讓他們跑了……

後來我愛上一位漂亮的美國女性，她名叫蘇菲。我陪她到奧蘭多，她父親在那裡經營了一家餐廳。在這次的美國行之後，我在一九八七年回到法國，思鄉情切、單身，而且失業。找不到解決方法，我向我的傑克叔叔求救：

「叔叔，我沒有工作，幫幫我！」

「來我們的餐廳打工！」

他是巴黎歌劇院洲際大飯店的門房。我在晚餐或早餐時作為臨時工來彌補團隊人手的不足。一天結束時，餐廳領班坐下，手上拿著大把鈔票在分配酬勞。我很開心能立即從工作中取得現金。我的二叔艾倫是皮耶夏洪路阿斯科酒吧（Ascot Bar）的首席調酒師，他也為我在市集和沙龍找了一些打工機會來增加我的收入。在其中一次餐飲服務中，我不受利益誘惑而選擇了誠實：我拒絕拿小費，因為我覺得供餐品質太糟糕了。我說：「先生，請留著你的錢，我無法為我提供的餐飲服務感到驕傲……」顧客笑了起來，依舊遞給我一張鈔票。

一年後，還留在胡安娜的傑克先生邀我回到南方加入他的團隊。我不斷聽人提起的廚藝天才艾倫．杜卡斯被摩納哥人解僱了。他剛離開胡安萊潘地區，並準備在蒙地卡羅區開設路易十五餐廳。胡安娜的新主廚克里斯蒂安．莫里塞特（Christian Morisset）每日對人施加龐大的壓力。我們的工作節奏維持不變：每周休息兩個早上，晚上不休息！主廚打算保有米其林二星……但老實說，他的做法如此令人反感，某天晚上，他被某位惱怒的員工揍了好幾拳。和顧客的關係也變得複雜。某天，克里斯蒂安．莫里塞特出現在某個男人的桌前，打算和他討論他對料理的意見。他驚訝地說：「什麼？我的沙拉裡有蒼蠅（菌菇）？」他輕微的發音不標準，導致將小飛蟲和美味的菇類混為一談。他繼續說：「什麼，我的沙拉裡有蒼蠅？但這是不可能的！」這時這名顧客抓起水瓶朝桌子打碎，並朝主廚的臉揮舞著碎玻璃：「你是廚師，你給我回廚房重做我的沙拉！快一點！」克里斯蒂安．莫里塞特跑回廚房，他用不標準的口音大喊：「顧客瘋了，他們都瘋了！」好吧，我感受到南方的氛圍了……還有當地的特色！在這裡，餐廳領班要自己人工結帳。不接受信用卡付款，顧客必須用現金支付全額：可用零錢補足，或是我們告訴他們最近的提款機在哪。深夜離開舞廳時，我們再度經過餐廳前，意外發現在空蕩蕩的用餐區裡，負責關門的餐廳領班正在用手重寫發票。發票必須改正：一個售出的產品等於一個開發票的產品等於一個入帳的產品……開發票時的一切「閃失」，都會添加在「黑衣人」（指服務人員）的資歷上，所以請想像一下！

儘管我和廚師之間的關係不盡理想，但胡安娜也為我帶來了美好的邂逅，即我和我最要好朋友澤維爾．德馬斯的相遇，是他教會我「寬容」一詞的意義。我很容易看輕程度不如我的員工，而且團隊的人都暱稱我為貴賓侍者。我和澤維爾的言論總是對立。我愛好秩序，深受軍警等職業所吸引，而他的生活哲學較偏向愛與和平。

澤維爾驚訝地說：「你為何會擁護武力？」

「因為如果有戰爭，我們就必須防禦！」

「但如果沒有武力，就不會有戰爭了吧？」

「這是當然……」

我的新朋友喜歡吞雲吐霧，卻不喜歡火藥味。漸漸地，我們之間的差異不再使我感到不快，反倒讓我們形成絕佳的默契。在一九八八年這充實的夏季結束時，我們和我們的夥伴瓦萊里三人一起前往墨西哥，在墨西哥城和阿卡普爾科之間待了三星期。後來又到了美國德州、牙買加、美國路易斯安那州……從那之後，我們就不離不棄。

至於傑克先生，他還在休假。這是他結束統治的徵兆嗎？某天，他不再出現。該地物主的解釋似乎很含糊。幾天後，在餐飲服務結束後，我走出飯店，傑克先生就在那裡，面對著我。他請我上他的車。他遞給我一封郵件，這是他前幾天收到的解僱信。傑克先生被指控在餐廳裡舉辦色情攝影活動。我很驚訝地說：「什麼，但這是不可能的！」於是，他請我在坎城的商業律師盧西恩・亨利西先生陪同下出席作證。來到面向大海的廣大辦公室裡，氣氛嚴肅緊繃，我在這兩人面前感到十分窘迫，他們在等著我說出真相。我越早完成，就能越快回家。於是我說：「我們有位來自科克賽德（Koksijde）飯店管理學院的比利時實習生拍了餐廳的照片想完成他的實習報告。他一轉過身，我們就抓了他的相機，幾秒鐘的時間，我們在場的四名服務生便拍了我們的特徵照……」一想到我們的實習生笑著去找他拍的照片時的尷尬，這個有趣的玩笑就讓我們笑了好久！但有人洩密，管理階層聽說了這件事，傑克先生就變成了代罪羔羊！」我敘述完我這個版本的故事後，律師就放我走了。但傑克先生沒再回到胡安娜。後來我到坎城卡爾登飯店工作的隔年才再次遇見他。

當我們從南美旅行歸來時，胡安娜團隊（當時或許是法國最優秀的團隊，有菲利普・凱弗 Philippe Cave、克里斯托夫・胡 Christophe Hu、派翠克・阿道夫 Patrick Adolf和我們已故的克利斯蒂安・普里奧維爾 Christian Prioville）搬到了梅里貝勒，準備成立新的飯店：奧迪斯（Allodis）。從此成為我朋友的老闆們對團隊展現出無比的慷慨。法蘭索瓦絲・弗朗（Françoise Front）是位仁慈且敏感的女性，她的父親是不動產企業家，同時也是梅里貝勒的市長叔叔，負責飯店的管理。法國滑雪隊教練伊夫·福尼負責滑雪課。兩人都展現出謙遜，而且非常熱情好客。這間飯店的顧客並不會穿得珠光寶氣，我們和他們之間維持著簡單的關係：法國創作歌手尚雅克·高德曼（Jean-Jacques Goldman）、法國賽車手亞倫·保魯斯（Alain Prost）和西班牙國王都會穿著滑雪裝來這裡用餐。他們會叫喚我的名字並拍我的背。我和娜塔莉建立起越來越親密的關係。她是位堅強的女性，在飯店的接待處工作。

我們的團隊後來受到招募，為坎城卡爾登飯店七樓的美人奧黛羅（La Belle Otéro）餐廳（隸屬於卡爾登賭場俱樂部產業）準備開業。那時是一九八九年，我待了兩年半。我們獲得了豐厚的酬勞，外加服務如美國樂壇「王子」、麥可·傑克森、瑪丹娜等國際巨星的樂事（我還保存著印有瑪丹娜口紅的餐巾紙！），這些人都來這兩度獲頒米其林星級的洛可可式餐廳用餐。

一分熟！

美人奧黛羅餐廳的一位顧客向我點了一份牛排。當我詢問他想要的熟度時，他回答「一分熟」，並精確表明：「一分熟但要熱。這很簡單，但很少有廚師知道要怎麼照我喜歡的方式處理。」我讚揚我們廚師的能力，保證能達成他的要求。上菜時，我為顧客服務，並站在他桌前，帶著心滿意足的微笑，你懂的，服務人員的保證有時會……顧客將牛排切成兩半。他抬起頭，盯著我看。

他大聲說：「這就是你說的一分熟？你這是帶血，甚至是三分熟！」

我也只能同意。但這怎麼可能呢？我已經再三保證並仔細交代過廚房。我收回盤子，快步離開，讓廚房重做一份牛排，並強調「一……分熟」，以免為了據理力爭而鬧出什麼風波。我回到用餐區，繼續和我的顧客討論，以爭取時間：

「我們為這樣的情況向您致歉，不會等太久的，熱的一分熟只要每面來回煎兩分鐘就可以了。」

六分鐘過去了，我看到一名助手端了個托盤出來，上面只有一個罩著餐罩的餐盤。我看著他並詢問：「這是牛排嗎？」他點點頭。我用雙手端過他的托盤，並將餐盤擺在我的顧客面前：

「您看，只需要煎四分鐘就完成了。」

我鬆了口氣，並觀察我的顧客切他的牛排。他惱怒地抬起頭：

「您是在嘲笑我嗎？」

我低頭看看餐盤。牛排是全熟的。在這瞬間，我切換到了第四維度。發生了什麼事？我在做惡夢嗎？我感到莫名其妙……一名餐廳領班過來拍拍我的背：「你有看到我全熟的牛排嗎？十二桌點了六道菜，上了五道，我們還差一道菜，而我們的第六名顧客已經等得不耐煩了……」我立即意識到自己的錯誤：匆忙之間，從廚房出來的助手來不及說話，我便上錯了菜。

結果我讓兩桌的顧客都不太愉快，換句話說，這整個餐飲服務……

但我們的團隊卻對我很寬容。我們之間總是相處融洽，尤其是在卡爾登主廚弗朗西．喬沃（Francis Chauveau）的管理下。我真的很榮幸可以和這個謙遜、穩重且溫文儒雅的人合作。我還記得他的波旁香草干貝。

後來在一九九一年，傑克先生在這時也來到卡爾登，他呼喊我：

「丹尼，下禮拜在濱海自由城有一場比賽。」

「是嗎？」

「是法國最佳餐廳領班和最佳分區主管的比賽。我幫你報名參加地區的選拔賽了。」

「噢，是嗎？可是等一下，我沒有時間複習。」

「我對你有信心，你是出色的候選人。」

「我沒有準備好！」

「我幫你報名了，你別無選擇……」

神聖的「法國最佳分區主管」

傑克先生太誇張了。我根本沒時間準備。我立刻翻開《拉魯斯美食百科全書》（Larousse gastronomique）。我按字母表上的字母順序一一翻閱，複習引起我注意的烹飪詞彙：什麼是「男爵肉」（baron，小羊的後腿帶脊肉），或是「小羊的老鼠肉」（souris d' agneau，羊腿肉）、「丁骨牛排」？咖啡：羅布斯塔和阿拉比卡的差別在哪裡？Partagas、Cohiba、Davidoff雪茄：是什麼品牌、大小、類型，是手工的嗎？英式、法式、俄式餐飲服務是什麼？還有開胃酒呢？酒、利口酒、白蘭地……我仔細地將這些名稱記在我的字母表中，讓自己盡可能背誦多一點的詞彙。關於我這一行的所有基礎知識都可以在我的書中找到。餐廳領班要面對普羅大眾，因此必須具備多元而廣泛的專業知識，但也無須成為如調酒師或侍酒師那樣的專家。我在《全球調酒師》（Le Barman universel）中確認我對調酒的知識：美國佬、琴費士……在埃斯科菲耶（Escoffier）的烹飪聖經中，瀏覽我必須能夠向顧客描述的醬汁與配料的成分：什麼是阿讓特伊蘆筍濃湯（crème Argenteuil）、法式伯那西醬（sauce béarnaise）、修隆醬汁（sauce Choron）、荷蘭醬？至於切割的動作，多虧有我自騎士居飯店以來所累積的經驗，我早就有所掌握。

嘉卡（Jacquart）香檳贊助了這次的同名比賽，而傑克先生擅自為我報名參加。嘉卡獎的地區測驗為期一天：早上是筆試，下午是實作。我們有十五名左右的考生。在上場之前，我穿上我的服裝：以金線飾帶裝飾的燕尾服，這是我們美人奧特羅餐廳要求的服裝，其中的綠色則具有吸睛效果。我進入房間，我的參考資料不能帶進來，但我投入這輕鬆的測驗，我告訴自己我會樂在其中，我會以自己的方式提供服務，而且盡可能不要太機械化。我會微笑、放鬆、關心其他人、聆聽、展現我的同理心和人情味，並會適時加入些許的幽默感。我就像一塊海綿，從共事的所有專業人士身上吸收各種知識技能。我借用了某人的教育理念、某人的幽默感、不分男女的姿態動作……並從中獲益。

直到二十五歲，我才終於認清了自己。

適當的接待措辭

我們餐廳領班往往是顧客抵達後遇見的第一個人：我們必須從接待處開始陪伴顧客，包括透過開放的態度（眼神接觸、儀態），以及適當的措辭。當然，使用的語言水準必須符合餐廳標準，但妥善地接待是萬用法則。這不是人、人數或準備程序的問題，而是真誠度、關注的問題：餐廳領班必須透過他的話語傳達親切感、溫暖，他在接待顧客時必須展現出真誠的快樂。使用的詞彙不應取決於習慣，而是在特定的時刻必須「適切」，並依說話者而應變。因此我們在執業時必須不斷尋求最適切的言語。當我們的顧客看到我們樂於讓他們開心，他們一定也會很高興！

我以排名第二的名次毫不費力地取得了競賽資格。搶走第一名的是派翠克・肖文，他是摩納哥路易十五餐廳的分區主管。我發現了我的主要對手：派翠克身高一七〇公分，性格鮮明且極其謹慎，是個令人印象深刻的人。而且一旦設法和他交好後，派翠克就會成為很好的夥伴。競賽時，這位可敬的候選人體現了路易十五餐廳的嚴謹和專業精神。我非常怕他！比賽持續以國家級的水準進行著。又來了：早上是筆試，下午是實作測驗。

考生們兩兩對抗，每名考生被指派負責一張六人餐桌，只有一名助手幫忙周旋。

考試隨著接受點菜開始，我回答各種關於烹飪、菇類（黑松露、羊肚菌、雞油菌、牛肝菌）季節性、蘆筍種類（白、紫、綠、野生）等問題，以及平衡：如何避免食材種類、味道、質地等的重複。突然間，我的餐具差點掉到地上，這是會被淘汰的動作……我立即將我的手放在下面，抓住四把刀。還好我反應快。

首先我必須切割一隻巨大的狼鱸：去皮、去鰭、取下脊肉、檢查有沒有魚骨、分裝至六個餐盤、加上醬汁，而在這精細的準備工作中，魚必須保持溫熱。不能有任何唐突的動作。細緻、精準、快速……在這切割的過程中，我在回答評審的任何問題時，也引發了對手的嫉妒。我按禮儀進行餐桌服務：女士優先，並從最年長者服務至最年幼者，接著是最年長的男士，除非現場有社會地位較高者或高階軍官。貴族階級、宗教、政治也決定了服務的順序。了解過去的禮儀也讓我們能夠加以超越，並更平靜地進行服務。不知道或不了解誰是誰，誰做什麼，會造成失職，並影響服務的品質。

下道菜是羊腿肉。我清理了我的狼鱸後，接著進行後續的服務。其中一位賓客問：「老鼠肉是哪個部位的肉？」

我知道答案：老鼠肉就是羊腿肉，即後腿脛骨周圍的肌肉，這是小羔羊中最美味的部位，因為最軟嫩。而後腿肉就在它的正上方。在座的人表示讚賞。我為他們進行藝術風格的擺盤。他們開始品嚐。我離開了，並帶著一盤乳酪到來……假扮的顧客詢問我，評估我的表現。

「我們應該照什麼順序來吃乳酪？」

「我建議你們從最新鮮的品嚐到最成熟的。山羊乳酪在乳牛乳酪之前，先吃硬質乳酪，再吃白黴軟質乳酪……最後是洗皮軟質乳酪。」

「是否有適合搭配的特定菜色？」

「當然有。我還可以向您推薦搭配的水果、葡萄、蘋果、梨子、無花果、新鮮蔬菜、胡蘿蔔、芹菜、堅果、果漬、孜然籽或葛縷子……酒和乳酪的搭配……麵包和乳酪的搭配……」

他們似乎信服了。考試繼續。甜點是火燒可麗餅：我必須掌握橙酒奶油醬的製作。我融化一塊奶油，加入糖，製作焦糖，然後倒入柳橙汁、檸檬汁，並進行濃縮。加入少許白蘭地、少許柑曼怡香橙干邑香甜酒；我浸泡可麗餅並點火。儘管這麼做的效果總是很好，但今日這樣的準備已經越來越少：顧客越來越匆忙，員工也總是越來越沒有時間準備。

在這天結束時，評審宣布結果，從排名最後一名開始一一唱名候選人的名字。到了第三名，依舊沒叫到我的名字。我笑著轉頭對派翠克・肖文說：「你又贏了！你真是難相處！」我相信他奪下了第一名。出乎意料的是，麥克風裡響起了他的名字……我打敗了他！我就是神聖的「法國最佳分區主管」。我就這樣帶著冠軍的頭銜回到坎城。

在我獲獎後幾天，我接到一通電話，電話那頭是路易十五餐廳經理的聲音，喬治馬希・格里尼（Georges-Marie Gérini）是嘉卡比賽的評審成員之一。他從鄰桌看見了我，而我身穿綠色的燕尾服，展現出無比優雅。「非常有型」，他如此表示，之後才說出他來電的主要理由：他希望我加入他們的團隊。

一九九一年十二月二十四日，我提供在卡爾登最後的餐飲服務。我在十二月二十五日離開坎城，隔天，即一九九一年十二月二十六日，我在路易十五餐廳展開了我的職務。我尋得了我的聖杯！

2．我成了某人

2. Je deviens quelqu'un

天才廚師艾倫・杜卡斯

我讀著路易十五餐廳的菜單，眼神裡夾雜著一般人對美食的愛好，以及餐廳領班的專業。掌廚的正是撼動這整個料理界的艾倫・杜卡斯，我不時會和他擦身而過。我們會禮貌性地和彼此問候。儘管他完全知道我的身分，但我們還沒有機會深入認識彼此。因此，我是先探索他的菜才認識這個人。乍看下，他的菜名似乎出奇地易懂：「烤夏洛斯牛肋排佐鵝油大薯鑲松露」。牛肋排？在全球最好的餐廳裡？如此的簡單讓我有點小失望。我期待的是更講究、更精緻的料理……但只嚐了一口，我的疑慮就消失了。表面的焦糖既酥脆又入口即化，讓我的味蕾為之著迷。肉的軟嫩更是讓我棄械投降。多麼可口！哇！

我開始衡量這名農家子弟的精湛技藝，他透過不斷努力、抱負和各種際遇在法國美食界中不斷提升地位。艾倫・杜卡斯是第一位用米其林三星來裝點奢華飯店餐廳的人。豪華飯店的餐廳過去只會為顧客供應經典菜色：可能包含法式肝醬（foie gras en terrine）、煙燻鮭魚、魚子醬佐薄餅、簡單的生蠔，以及（為何不呢）洋蔥湯、酥煎鰈魚（sole meunière）、韃靼生牛肉、蛙腿或燴小牛腰子……這些今日眾所周知的著名餐廳為顧客供給食物，但卻沒有這種成名的野心。

而艾倫・杜卡斯則是從一來到路易十五餐廳開始，便以摘星為目標。我甚至認為他有在合約裡註明：在三年內拿下三星。他構思了一個以地中海料理、充滿陽光的蔬菜，以及當地捕撈魚類為主的舞台。在他的美食菜單中，與其說他選擇供應，不如說他冒著可能導致保守顧客不理解的風險，制定了全蔬食的菜單。乍看下很簡單的料理，實則是才華的展現。（對十三這個數字）迷信的人可能會發現，他為路易十五餐廳掌廚以來已有三十三個月，而他在獲得第三顆星時是三十三歲。

除了這用鵝油烹調，並以少許炸香芹或細葉香芹調味的牛肋排佐大薯鑲松露以外，我在桌上擺上烤乳豬、碳烤或爐烤小羊、羊排、小羊里肌、羊腿、閹雞、小船釣魚、紅鯔魚、海魴、狼鱸，準備在顧客面前進行切割。我們在用餐區有很多工作要做。副廚們（弗蘭克·塞魯蒂、希爾瓦·波泰、艾倫·索利韋雷、米歇爾·杜索）每天在年輕的海倫·達羅茲（Hélène Darroze）面前挑戰我們，後者負責監督出菜狀況，並以杜卡斯的精神為後盾。我在四十八小時內切了一隻熟的小牛膝，讓油封肉輕拂味蕾。在甜點方面，我們供應的是馬斯卡彭乳酪奶油醬雪酪，並擺上淋有溫熱紅莓果汁的野莓，並以檸檬汁提味。我們的招牌甜點是稱為「路易十五」的帕林內巧克力（chocolat praliné）：吃一口就會讓人上癮！柔軟、酥脆、絲滑、美味，就像我們的甜點主廚弗德烈克·羅伯（Frédéric Robert）一樣情感豐富。

忠於地中海精神，我們供應墨魚燉飯，在醒目的黑色當中放上白色的小章魚。有趣的視覺效果，但依舊美味，讓人立刻打消了負面偏見……香氣在嘴裡滿溢，腦海中浮現了南方的景象：碘味、海洋，就像身處摩納哥的賭場廣場，我們從蒙地卡羅的小丘上居高臨下，我們彷彿身處蔚藍海岸，而身旁是艾倫・杜卡斯。天氣晴朗，摩納哥人走在安全潔淨的街道上，海洋、太陽、車身、珠寶……一切都熠熠閃亮。我從來沒想過會在像巴黎飯店如此高雅的飯店工作，大理石和雕刻的肖像近似凡爾賽宮的鏡廳。在路易十五餐廳用餐區挑高的天花板下，顧客以鍍金的銀餐具、瓷製湯盤用餐。所有的細節都精緻非凡，讓我不敢輕易將手放上去。多美妙的工作獎勵！

我搬進了位於卡代（Cap-d' Ail）城外的一間公寓。我喜歡這新的生活環境，有規律、健康，而且正當，符合我的本性。我在首席分區主管的職位中成長茁壯，儘管也有人認為我正處於職業生涯的轉折點，我全國冠軍的頭銜和聲望已超越我本身。尤其是我已失去了夢想。我誤以為從卡爾登到路易十五餐廳，就像從都會車到勞斯萊斯，一切都會改變，也包括人……結果遠遠不同於我的預想，我的新同事就是一般人：有些人全心投入，有些人會拖累團隊；有些人會扭曲事實，也有些人勇於接受現實。他們很少交談，有時甚至出言不遜。我不喜歡這樣的氣氛。我很快便明白這兩個團體的不同：一邊是擁戴經理喬治馬希・格里尼，另一邊則偏好他的助手貝涅・彼特。在如此具聲望的餐廳裡卻如此缺乏團隊精神，這讓我有點心灰意冷。我對團隊精神非常敏感，因為這勢必會影響到整個工作團隊。而且在這個團隊中，我找不到自己的位置。如此負面的第一印象，甚至讓我考慮離開。為了遵守我在道德上的承諾，我心想我再待一年就要離開。我離開一個合作上非常有默契的團隊而來到這裡，而之前的團隊都是一起協力工作的。

「一起」工作這個詞對我來說很重要。專業因素絕不該凌駕在人之上。令我覺得不可思議的是，我們一整天都和彼此一起度過，但卻不需要費心去試著喜歡彼此。一起工作並一同成長，這些規則不是我們個人和集體成功的基本手段嗎？

「你是誰？」

一九九二年一月，在我抵達三個月後，艾倫．杜卡斯在走道上挑起了我們的對決。他站在我面前：「你是誰？」我立刻回擊：「主廚，我是丹尼．庫蒂雅德，我已經為您工作了三個月。」他假裝不回嘴。他不是冷淡，也不是不聞不問，應該說他只是帶有某種謹慎。艾倫．杜卡斯擅長發表演說，嚴肅的語調中還帶有西南部的口音。有些人展現出毫無根據的魅力，而艾倫．杜卡斯則帶有理所當然的光環。任何夥伴若沒有準備好進行這樣的交鋒，那也表示沒有準備好在他的身邊工作。

因此，在我看來，艾倫．杜卡斯就像是從另一個世界回來的超級英雄……據說他是某場飛機失事的倖存者，他在醫院的床上花了一年的時間復健，甚至不知道是否能夠再次正常地走路或看東西……他的臉微微向右傾，讓人勉強看到他自那場災難以來配戴的彩色虹膜，他隨口對我說：「經理認為你可以取代貝涅．彼特。你覺得你做得到嗎？」艾倫．杜卡斯打量我，令我感到不安，就為了查核我是否能勝任這個挑戰，看我是否值得這樣的晉升，以及我是否充分了解這裡的老大是他。這首度的交談是我們專業交流的開始，而這樣的交流持續了超過二十八年。

要不是我正好在團隊啟動的時機點到來，就是我的到來促使團隊開始啟動。我不知道是以上何者。成為他餐廳裡的第二重要人物？是的，我做得到。我沒有預料到會有這樣的提議，但我理所當然地同意了。如果我猶豫不決、逃避或狂妄自大，我就會錯過這個機會。我說：「我已經為您工作了三個月。如果經理認為我有這樣的能力，那我已經準備好了。可以測試我，我不會讓您失望的！」

我們的討論到此結束。我這年二十五歲，而且我剛剛在短短時間內達成了我的職業目標：在四十歲前在最著名的三星餐廳之一承擔要職！而這在摩納哥的巴黎飯店路易十五餐廳的雄偉冒險只不過是開始……

在正式進入世界第二出色的餐廳時，我立即主動清空所有的櫥櫃，重整秩序，讓自己更融入這個地方。我翻閱訂位記錄以找出我們的忠實顧客。全年的禮拜六和禮拜天晚上，我們會為四至五對摩納哥夫妻分配餐桌。我們每周會和他們聯繫，確認他們會出席。我們的餐廳屬於他們，這裡就是他們的天地。如果我們不幸接待了穿著不得體或舉止失當的外來客，隔天可能就會受到傳喚。因此我意識到餐廳的聲譽並不是由我們所掌控：在摩納哥到處都是摩納哥的顧客，即使他們坐在我們的用餐區……這裡盛行著一種島嶼精神，一種領地的歸屬感。居民本身也會維護他們的形象，以及摩納哥這整個城市的形象。摩納哥人自認他們是摩納哥威望的主要擔保人。

尤其是P先生和K先生，來路易十五餐廳就像回家一樣。R先生的特色是每次都會點同一瓶彼得綠紅酒，這是瓶無比昂貴的酒。他坐了下來，侍酒師尚皮耶·胡開始他一貫的流程，在他面前將這珍貴的酒瓶打開。突然間，R先生大喊：

「等等！我從沒要你開瓶……」

我們整個團隊的人都愣住了。顧客把我叫了過去。

R先生解釋：「這瓶酒的價格是您薪水的三倍，在沒有徵求我的同意之前，絕不要養成開瓶的習慣！」

我用顫抖的聲音回答：「是的，先生。」

「很好。現在您可以打開了！」

我盡可能做出最佳的反應。靈活、禮貌，就為了以身作則。因為整個團隊都反映出負責人的形象。我想為一起工作的人帶來些許人情味。只要有我在場，服務就必須散發著耀眼光芒。我知道這就足以體現出正確的態度，進而帶動其他人：畢竟我是表率，我住在摩納哥，我非常自豪也非常開心，我在這裡過得非常愉快……因此，讓我們放輕鬆。在各種情況下，我都會盡量發揮我的幽默感、我的好心情，展現出永遠都能排除萬難和緩和局面的樣子，以便為這些富裕、具有影響力，而且很容易產生壓力的顧客提供服務。與我對話者的笑給了我幾秒鐘的時間來排除尷尬或微妙的情況。和善、同理心、微笑：這些工具逐漸讓我的團隊團結起來。我認為就像運動團隊，我們會協調得越來越好，互相幫助，並磨練出更精練的集體智慧。培養出默契、以身作則……我開始掌握這些價值觀。多虧我的工作、經歷、我所有的導師給我的啟發，讓我的性格更加豐富，我逐漸找到了自己的風格：丹尼・庫蒂雅德招牌的服務風格。

姿態的智慧

我的技藝更加精進。我越來越了解原料。食材在加工和烹調之前是什麼樣子？食材是如何採收、飼養、捕撈、狩獵、宰殺的？如果餐廳領班有這樣的好奇心可以去回答這些問題的話，他越是準備充分，就越顯出他的專業。我的手勢也趨於成熟。每次在我面對準備、切割、點火等程序時，我會盡可能在我的儀態中展現出高貴和精準。我表現得很能幹，站穩腳步，而且不和同事聊天。當我和我的顧客互動時，我會百分之兩百地專注在他的餐桌服務上，彷彿這是與世隔絕的小氣泡……我不喜歡有些餐廳領班只會虛偽地現身，有限地傾聽，以及禮貌性的微笑……

後續的步驟和動作都必須像節拍器般加以規範。儀態的靈活、優雅、表達，以及離尖峰時刻之間衝突的掌握。這是真正的風格訓練。維持對服務的渴望，留意臉部表情：「嗯，這會是真正的享受……」連手都在說話，態度也能傳達訊息，我臉部的動作都可以引發美味的感受。當我在切割時，一邊展現出賓客品嚐這道家禽時的樂趣，我便已經激起了顧客的食慾。如果我在掀開燉鍋的蓋子時有奇怪的表情，顧客也會立即察覺到我的疑慮。

引發渴望

餐廳領班應避免用太形式化的方式宣布菜肴，即使必須背誦出「固定」的句子，但當顧客一再聽到附近的桌子重複著同樣的名字時，想必會感到非常不人性化。為了避免這樣的問題並激發顧客的想像力，餐廳領班和分區主管必須用不同的方式來描述配方：「在聖雷莫灣海底三百公尺處捕撈的蝦……」因此，透過和廚師的密切合作，讓廚師能夠為服務團隊提供明確、令人重視、誘發食慾、生動的關鍵字，讓服務團隊可以自由地使用這些詞來「敘述」菜肴。我們必須懂得靈活應付顧客，包括他們的購買力、背景、時機和氣氛。言簡意賅也很重要。

在自我慶祝的顧客面前切家禽，跟為了顧客的客人切家禽，同時還要考量他當下的喜好，這兩者之間是不同的。這就是決定節奏的時刻。這種小智慧，這透過動作提供的無形服務部分，這種種細微的差別，我都在今日傳授給我們飯店管理學院的學生。而我也喜歡對年輕的學習者說：「要對自己有信心！」當你在用餐區的顧客餐桌旁做準備時，你不需要打破紀錄，也不需要跟時間賽跑。為了遵循正確的節奏，你永遠都必須配合顧客的步伐。而如果某天你在路上遇到比亞里茲地區的餐廳領班，他向你保證可以在三分鐘四十六秒內為五個人肢解飛在空中的雞……可以想像一下，他在他的浴室裡，獨自站在鏡子前面，正在為他的表演計時……這樣的場景想必會令你發笑！

在路易十五，我的經理格里尼先生，或者說「GMG」（我們私下都這樣叫他），鼓勵我思考各種問題，尤其是和我職業相關的問題。有時在他的明確要求下，所有員工都必須離開餐廳。他關了燈，向我解釋他必須感受這個地方的波動。在開始服務之前，他會邀請整個團隊手牽手，圍成一圈。他有時會找女性的算命師來，不然就是請員工去諮詢占星師或我不知道的哪位自稱是靈性大師的人。我對GMG越來越感興趣，有時我甚至會過度關注他。他明確地說：「這個水，你上得有點太快了。水滴落在玻璃杯底部，它濺出來了，你了解嗎？」我以驚訝的神情等待著他後續的解釋。我的經理繼續說：「這表示你的動作很突然，也就是說你沒什麼時間，服務很匆忙，表示我們人手不夠，我們的能力不足。因此，一個簡單的動作就會讓顧客在無意識中做出這樣的推論。好好地思考一下。你的動作都是具有意義的。」實際上沒有一個動作是無關痛癢的。他不同於我的觀點與理念，同時兼具靈性和笛卡兒主義，為我帶來深遠的影響。我了解這個非常物質的行業是可以非常理性的。GMG讓我不得不進一步思考。

我趕緊向娜塔莉敘述關於水杯的一課。她一直在坎城的卡爾登飯店工作，我們之間的融洽相處轉變為戀愛關係，我們每個周末都會見面。她說過的一句話仍迴盪在我腦海中，她向我表示：「當我們一起睡時，你得到了你的快樂，但你有問過我是否也有同樣感受嗎？」先提供快樂後再接受快樂，這個建議也適用於我的職業。當我和娜塔莉之間的關係因為距離而變得越來越複雜時，我和路易十五餐廳的一位女招待員西莉亞走得越來越近，但別無其他的企圖。她成了我最要好的朋友、我的知己……從我們建立偉大友誼的開始，我便相信男女之間也能發展出單純的關係。以下就是證明！當我把床留給到摩納哥遊覽的父母時，西莉亞堅持邀我到她家。我接受了她的提議。我們一起度過五個夜晚，就像兩個老朋友一樣。

我為我父母在路易十五餐廳保留了一張桌子。艾倫．杜卡斯在用餐結束時花時間和他們說了幾句話。儘管他們在看到我擔任新的職務時必定感到很驕傲，但他們依舊不擅於表達。我希望他們可以更熱情地祝賀我的成功……但無論如何，我已經習慣了這樣的冷淡。前一天晚上，他們還堅持要見我的好朋友西莉亞。於是我安排了一次晚餐。我母親折服在她的魅力之下。在這頓晚餐之後，我母親就不斷稱讚她的優點。「媽媽，拜託你，我是個大男孩了，我知道我該做什麼，西莉亞是我最要好的朋友，就這樣而已……我交往的是娜塔莉！」彷彿是在向自己證明，我們決定一起去阿拉伯聯合大公國度假。但出發的前一天晚上，西莉亞來敲我的門。她的主動令我吃驚：「你在這裡做什麼？」她做了什麼？西莉亞讓我的生活天翻地覆！醒來時，她離開我的房間，我踮著腳尖陪著她，心情沉重而混亂。好糟的時機！我腦海中浮現娜塔莉的臉，我的腦袋天旋地轉，心跳加速，在整個飛行期間，我都缺氧，沒錯，處於這樣的情況令我窒息。

銀餐罩協奏曲

我一在杜拜降落，就清醒了過來，我不能讓任何人失望。我們打算租一輛車去探索阿拉伯聯合大公國：杜拜、阿布達比、阿治曼、拉斯海瑪。我們有位熟人在我們住宿的飯店工作，他告訴我某位顧客在知道艾倫．杜卡斯的左右手之一在這裡時，就表示想要見我……我隨即穿上我最漂亮的衣服下去見他。我並不知道這個人的身分，而這也讓我更好奇，想和他碰面。幾分鐘後，我和我們最討人喜歡的顧客之一面對面。「希艾哈邁德（Si Ahmed）先生，你好嗎？」他很快就表達來意：希艾哈邁德先生希望我能夠向我們所在飯店的管理階層讚美杜卡斯先生的優點。他在考慮要讓杜卡斯去推廣即將舉辦的美食周……我照著做了！

幾個月後，艾倫．杜卡斯負責在該地區舉辦兩個星期的美食周，而且覺得應該要帶我一起同行，因為我了解這裡和現場的負責人。第一周在杜拜舉行，第二周在阿布達比，並在他的副手們：尚路易．諾米科（Jean-Louis Nomicos）和方索瓦．羅多夫（François Rodolphe），以及姪子克里斯蒂安．威勒的陪同下進行。旅程就這樣先從巴黎的中途停靠站開始，我們在靠近香榭大道的蒙田大道某間高級飯店和艾倫．杜卡斯碰面，度過短暫的一晚。廚師經常會花一個晚上的時間外出展示他們的料理，因此，這也是我第一次探索雅典娜廣場，這是預兆嗎？無論如何，這天晚上，我只是訪客的角色。

這是一場為七十五名記者舉辦的晚宴，晚宴主廚正是火紅的布魯諾・凱奧尼（Bruno Caironi）。美食餐廳華麗用餐區的經理派翠絲・珍妮邀我和她一起用餐，我們並肩而坐。這場對我禮遇非凡的活動讓我極度不自在，有兩名助手負責我們的服務，但我不習慣被同行的餐飲人員服務。

而且後來我們的摩納哥甜點師弗德烈克・羅伯開始驚慌失措。他的千層派皮擺在哪裡？由於目的地標示錯誤而直接前往了杜拜……我們後來才知道這件事。服務開始，氣氛已經很緊繃，當地團隊陷入癱瘓，而我們佔少數的員工則流亡到廚房的深處。布魯諾容光煥發，就像接觸到燃料的金屬般開始燃燒自己。但在第三次服務時，他「爆炸」了。他大叫：「閉嘴，我才是主廚！」這對於雅典娜廣場的當地廚師來說太過分了，他躲在他的辦公室裡來表達他的不滿。我叫艾倫・杜卡斯前來搭救。我們在主廚的辦公室裡碰面。我默默地欣賞他訓練有素的調停手段。情況已經化解。終於可以重新開始服務。當晚另一個令我吃驚的來源是：在我走進其中一間辦公室時，我撞見兩名服務的員工正在品嚐我們要端給顧客的菜肴。

他們兩人之一興奮地說：「你在路易十五做得很好！」我點頭承認……然後我立即警告餐廳經理他的員工正在吃顧客的菜。我們隔天前往阿拉伯聯合大公國，但沒有布魯諾，而是與方索瓦・羅多夫和尚路易・諾米科同行。從第一次服務開始，這兩名主廚之間就不是很真誠地相處。緊張的情況持續累積。晚餐時，我強烈建議艾倫・杜卡斯縮短開胃菜的時間，以便在他的助手抵達之前參與料理……才走進廚房，艾倫・杜卡斯就觀察到火花四射的氣氛。於是他拿了兩個銀餐罩。像敲鑼打鼓般，對著廚房的通道用力地敲打著銀餐罩。撞擊力道之強，甚至讓銀餐罩的內部都變形了。同時高喊毫不矛盾的訊息：「你們給我停下來！」相信我，他叫喊聲的衝擊力道至今都還能在阿拉伯沙漠深處揚起幾粒沙。結果尚路易·諾米科接手了，他和我們一起完成美食冒險，而方索瓦·羅多夫則代替他坐上前往巴黎的第一班飛機。

對我來說，路易十五已經結束了！

我回到了摩納哥。我的母親越來越疲累，她的醫生建議她暫時遠離日常生活，遠離例行公事，到陽光普照的地方充充電。我的母親住在德拉吉尼昂（Draguignan）的療養院，距離羅謝（Rocher）不到兩小時的路程。每個禮拜我會到這個充滿受苦景象的地方找她，而這總是令我悲傷。但媽媽的狀況已在好轉中。她很高興覺得自己有用，可以提供服務，為鄰居換走道上的燈泡，或是為康復中的人提供幫助……我每次拜訪她都是送她禮物的機會：洋裝、襯衫、項鍊……她衷心感謝我。為了讓她呼吸新鮮空氣，我將她帶到聖特羅佩的潘佩洛納海灘。她在午餐前點了兩、三杯的威士忌，這裡的氣溫有攝氏三〇度，是陽光普照的天氣。我不對她做任何的評判，因為她似乎很開心。在回療養院的路上，她轉頭對我說：「別忘了停下來加滿！」我點點頭。就像她說的，我知道要在哪裡加滿，而且我現在已經習慣了。我將車子熄火，下了車，拿了她的包包，裡面有六瓶粉紅酒的空瓶在互相碰撞著。我走進便利商店，將空瓶換成裝滿酒的酒瓶。我重新發動引擎。在我們抵達德拉吉尼昂時，我固定住她包裡的酒瓶，以免發出碰撞聲。我將包包遞給她。我們擁抱了彼此。她離開了，但不時轉身用一些小動作來表達她的情感和感激，臉上因這美好的一天而洋溢著喜悅。我帶著沉重的心情回到海濱公路，但一想到可以再見到西莉亞、路易十五餐廳和我的整個團隊又感到更加興奮。我的坎城之旅已經結束了，和娜塔莉的戀情也已經劃下句點。我已經打算要和西莉亞一起在蔚藍海岸這裡建立我的生活，並在此度過餘生。但我的人生正出現新的轉折。

在艾倫．杜卡斯到阿拉伯聯合大公國旅行後不久，一些阿拉伯半島的探勘者極其謹慎地來到路易十五餐廳用餐。我在不知道他們意圖的情況下為他們服務。這些顧客離開時確信杜卡斯就是他們需要的廚師。那天，當杜卡斯以他出名的判斷力對我說：

「路易十五對你來說已經結束了！」

我驚訝不已：「主廚，我做了什麼？」

「我要把你送到英格蘭。」

我花了一點時間才接受這突如其來的通知。

我說：「主廚，我知道英格蘭，但我未必想回去……」

「你別無選擇。」

他跟我說，有家俱樂部即將開張。我順從了。我立刻到櫃檯後向西莉亞吐露我的不安。

「他準備要辭退我了……」

「什麼？」

「他要送我到英格蘭！」

她的臉亮了起來。

「英格蘭？哇，這太棒了！」

「他要到倫敦開一間私人俱樂部……」

「倫敦，這太棒了！」

「噢，是嗎？」

見到她的興奮，我想我還是缺乏見識。事實上，是市場調查者注意到我。他們很欣賞我服務的品質。他們說：「那名年輕人我們也要！」我想我的名字甚至也出現在合約中。艾倫．杜卡斯不常關心我的意見，但他愛這類的情況，即他的員工之一即將進入更具挑戰性的格局。你懂的，你從未預料到的晉升是你拒絕不了的。有著來自阿拉伯聯合大公國的資助，大筆的資金已用來打造這間英格蘭的私人俱樂部。專案經理是名叫安德魯．楊的美國人。總經理麥可．奈勒利蘭出身自英國皇室。設計師亞當．帝豪尼就像他常自稱的，是「餐廳設計師」。他們在尋找管理餐廳的首席顧問。艾倫．杜卡斯被說服了，而且希望我去打探一下情況。我是繼行政助理安娜．羅伯和剛被授予英格蘭最佳侍酒師頭銜的首席侍酒師伊夫．索布阿之後第三個加入團隊的人。俱樂部名叫蒙特斯（Monte's），名稱取自在一樓商店販售的蒙特克里斯托雪茄。舞廳在地下室，餐廳在二樓，酒吧在三樓，周圍都配置切斯特菲爾德沙發。鑲木牆板形成非常英國風的裝飾。一張私人桌可容納十四名賓客。在我抵達的第一天，工人們還在築牆。我瞪大了雙眼：「不，不是在那裡！」我冒險進入相連的建築。不。我又沿著原路返回。我沒有搞錯，這間俱樂部還在施工中……這項任務顯然很棘手。所幸我們有資源可以做遠大的規劃。我立刻開始尋找供應咖啡、乳酪和餐飲用品的公司。我必須從一開始就做好萬全準備。在我的職業生涯裡，這是我首度負責創造，我要打造我自己的餐廳團隊、尋找我的分區主管和職員、選擇制服……我解僱了幾個路易十五的員工。西莉亞成了餐廳裡第二重要的人物。再加上我最要好的朋友兼助理侍酒師澤維爾，以及我忠實的飯店經理兼朋友奧利維・蓋希耶，我的團隊已臻於完善。這就是我新的家人。還留在路易十五的艾倫・杜卡斯已經開始構思俱樂部的料理方式，並委託皮埃爾・沙德林來執行。我品嚐這些菜肴，讓自己熟悉並加以掌握，以便能夠為顧客忠實描繪，而不敢擅加評論，因為我還缺乏能夠發表自己意見的詞彙、經驗和合理性。

我們從一九九四年春天開始改變生活：搬家、旅行，遷到切爾西。我們在一九九五年開設了俱樂部。我們極為富裕且注重打扮的顧客族群支付入場費以避免和一般人為伍。這些持有名牌的人在富人當中抽著雪茄、跳舞、飲食……我們和皮埃爾・沙德林的任務是展現艾倫・杜卡斯的料理，並維護他在英語系顧客面前的形象。我一聽到某道菜的負面評價，我們就會告訴他。

同一時間我得知「世紀之廚」喬爾・侯布雄（Joël Robuchon）已經決定在廚房以外的地方繼續他的職業生活。他靠近特羅卡德羅區的三星餐廳在兩年前遷至幾百公尺遠的波恩卡雷大道（avenue Poincaré）五十九號，而且正在尋找新的物主。有哪個廚師膽敢取代這大名人！沒有人敢承擔這樣的風險：接替喬爾・侯布雄……沒有人敢……除了艾倫・杜卡斯以外！

兩個體系

法國美食的勢力因而被分成兩大地理區：一是由艾倫·杜卡斯和喬治馬希·格里尼這雙人組執掌的摩納哥路易十五餐廳，另一邊則是由喬爾·侯布雄和尚傑克·凱門（Jean-Jacques Caimant）搭檔為首的巴黎傑明餐廳（Le Jamin）。這兩大天才瓜分了法國。我寫下這段時是滿懷著敬意且經過再三斟酌的，因為我略過了當時保羅·博古斯在里昂的餐廳，以及他具代表性的經理方索瓦·皮帕拉（François Pipala）。

路易十五是每個禮拜二、三不營業，龐加萊五十九號是禮拜六、日，艾倫·杜卡斯開玩笑地說，他每個星期「有五天在摩納哥，五天在巴黎」。這是史上首度有廚師證明廚師也可能不會永遠待在廚房裡。簽約當天，即法國美食史上的重大時刻，艾倫·杜卡斯展開了他的摩納哥與巴黎之旅。他在當晚抵達倫敦。我在蒙特斯的酒吧找到他，他正在啜飲開胃酒，大概是他喜愛的苦飲之一：金巴利或美國佬。他在等人嗎？我靠近他：

「太棒了，主廚，恭喜，這真是不可思議！您接替了喬爾·侯布雄！因此您是世上最偉大的主廚！」

他笑著回我說：

「對你來說，在摩納哥和倫敦之間發生的事有可能會在倫敦和巴黎之間再度發生。」

他這次又要為我提供什麼樣的機會？我保持泰然自若的樣子。

「主廚，請立刻告訴我您有什麼樣的計畫，因為我們這裡已經開始順利運作了……」

「你已是龐加萊五十九號先發團隊的一員。」

「哇！但等一下，我們的俱樂部才剛開張，還有很多工作要做，我們的計畫進度已經落後，我們到當地才一年時間……一切才剛開始順利運轉。我如何能離開這裡？」

「我會安排你離開。」

西莉亞跟我一樣興奮。一九九六年春末，我到巴黎討論合約細節。在艾倫．杜卡斯和喬爾．侯布雄交接鑰匙那天，我們就約在雷蒙龐加萊街的這間飯店。對我來說，獨自和這兩個可怕的天才在一起的感覺真是奇怪！說到喬爾．侯布雄和艾倫．杜卡斯，我心中總是會浮現這樣的比喻：這兩人就像銀河一樣，他們的星星是如此不同，但卻都如此閃閃發光……如果我想到他們遍布全球的餐廳所摘下的星星數量，那沒錯，這兩名主廚確實就像銀河一樣……他們是為牧羊人引路的真正星星，培育出幾個世代的專業人士！

喬爾．侯布雄經過法國工匠協會（Compagnons du Devoir）和環法自由車賽的培訓與鍛鍊，在我看來是個謙虛且謹慎的人，他代表著對專業價值和人生哲學的肯定。他始終受到顧客的欽佩與尊重，甚至是諂媚，因為他被稱為「世紀之廚」……儘管有這個沉重的頭銜，他在表達上仍相當審慎，懂得將他的熱情與精確度傳達給他的每位廚師。他負責接待和服務的員工有時會後悔沒有參與管理。他們認為他太「老派」。但喬爾・侯布雄還是領導者，他依靠他的親信：少數忠誠且全心全意的副手便獨自做出有利於他帝國發展的一切決定。在後來的人生路上我們也時常擦身而過。每次碰面，我都可以感受到他性格裡神祕的一面。在喬爾・侯布雄離開時，這一行失去了最偉大的廚師之一，但更重要的是失去了最可敬的指標之一。

我至今還會想到他，手上拿著清單，非常一絲不苟，標記著最細微的壁燈，並在燈泡的部分打勾，所有的餐具都攤開在我們面前。交接的過程中侯布雄總是從容不迫，而杜卡斯則顯得不耐煩。夾在這兩個巨擘之間，我覺得自己好渺小。「和他（侯布雄）一起完成盤點好嗎？」於是在一天的交接盤點工作結束後，杜卡斯才回來。我們終於討論到我的薪水問題，他在兩分鐘內給了我從早上就在等待的答案，之後我必須趕在下午五點離開，回到倫敦的餐廳服務。我體驗了難得的一幕、歷史性的一天，並帶著這樣的心情離去。

我的百合花

西莉亞在一九九七年十月生下了我們的兒子羅賓。我們在夏季舉行婚禮，並在位於布洛涅森林某個海灣上的島嶼木屋慶祝兩人的結合。我母親也有出席。儘管她在南方逗留了一段時間，但她的病情仍然沒有好轉。她已被宣告得了癌症。疾病的擴散就像在反應因缺乏愛和尊重所受的苦楚。我不時會到羅亞爾河畔敘利的醫院探望她。某天，當我正走向龐加萊街五十九號時，我接到了她的來電。她帶著令人難以生氣的天真，以微弱的聲音詢問我關於她死期的意見。她已經和醫生達成共識，打算以注射的方式結束生命。她再三強調：「你怎麼想？我們考慮下禮拜進行。我需要你們的同意。」我吞咽困難。「媽，聽著，我不知道要跟你說什麼……」我的哥哥洛朗向我證實，他曾打電話給醫生，已經確認沒有任何希望。她已經是末期，而且不想變成植物人。我不情願地接受了。我向自己承諾，我絕不會將我生命的重擔強加在我的孩子身上，更別說是我的死亡了。

艾倫．杜卡斯以我們關係中從未見過的熱情和理解來回應，在此之前，我們的關係一直僅止於良好的工作交流。他似乎真情流露：他不會拿健康來開玩笑。我和洛朗將最後一次去探望我們的母親。她躺在醫院的病床上，已經失去了頭髮。她的皮膚因為放射性治療、化學等各種療法而灼傷。她用一隻已經視力模糊的眼睛看著我們手提攝影機螢幕上兩個孫子（洛朗的兒子湯姆和我的兒子羅賓）的影片。她沒能認識我在一九九九年出生的女兒克拉拉。在離開她房間時我就知道，這是我們最後一次見到她。她最後對我做出的行為之一，就是將她一直戴著的金項鍊取下，並交給了我。我急忙將首飾戴到我的脖子上。精美的百合花在我的毛衣上閃耀著光芒。我母親笑了。幾天後，我和洛朗挑選她的棺材，那時她還活著。我的父親陪伴著她，一直到她離開人世。葬禮當天，艾倫·杜卡斯派他的左右手之一布魯諾·法蘭克代表他前來。我很感激他的舉動，在這樣的時刻他依舊在我身邊。先生們，感謝你們。

在我母親死後，我父親仍繼續打零工，還是一樣不太流露情感。他不問任何問題，討論時也不討價還價。即使到了現在，他仍停留在他的時代裡，沒有手機，沒有電腦。某次在短暫的拜訪後要離開他時，我的車才駛進花園幾公尺，他的身影便已經消失在他盧瓦雷的餐廳裡。他讓我充滿悲傷，儘管他極為忙碌的生活似乎已經停止。而我的哥哥雖然也不擅長表達情感，但依然堅強、勇敢、謹慎，始終展現出安靜的力量。在餐飲業受挫的他轉向資訊產業，並和妻子及兩個兒子建立起非常緊密的家庭關係。

「半乾奶油松露義大利麵佐小牛胸腺與龍蝦、雞冠與腰子」

艾倫・杜卡斯開玩笑地說是要將顧客餵胖。他發明新的料理方式：「傳統與進化」，巧妙地運用更豐富的傳統資產階級料理的規則。我們供應羅西尼牛排佐鴨肝、松露和馬鈴薯舒芙蕾、蛙腿酥盒、梭魚丸、蘑菇花和水芹醬螯蝦。我背下了「烤大菱鮃佐香檳沙巴雍醬」的故事，以及我們龐加萊街五十九號餐廳的招牌菜，即著名的「半乾奶油松露義大利麵佐小牛胸腺與龍蝦、雞冠與腰子」。簡單來說就是白色的腰子、雞冠，搭配白醬。這道菜吸引了大批的顧客，就像我們的「焦糖馬鈴薯鑲鄉村脆培根佐松露苦菜豬頭沙拉」一樣，不會讓人無動於衷：斜切的糖漬馬鈴薯，搭配表面帶有酥皮的鄉村培根。在豬頭沙拉中，豬頰肉、豬耳朵、豬舌都切成薄片。這是很純樸的鄉村料理，但在像巴黎這樣的城市裡，這類料理的製作會引發大量的評論。這就是艾倫・杜卡斯熱愛的挑釁風格，而對於餐飲服務人員來說，捍衛料理從來就不容易。

儘管我對於接任已經就位的團隊管理階層職位感到害怕，但我還是在一九九六年七月來到龐加萊五十九號，希望能帶來清新感和前進的企圖，期望能帶來改變。在這間餐廳裡，夥伴的招募是預定的。我沒有選擇任何人。喬爾・侯布雄的團隊稱不上順從，但也沒有表現出朝氣蓬勃的樣子。我透過他們工作、切割、接待的方式觀察到一種在我看來非常巴黎人的心態，冰冷而精練，和我的性格截然不同。所有的員工都在同一時間抵達和離開。有些人下午會睡在廚房的辦公室裡。我得知他們是按百分比支付工資：顧客吃得越多，服務人員賺得越多。他們接受各種條件的經濟補償津貼。餐廳領班費德烈克·魯昂就像其他的服務生一樣，服務結束後會在廚房裡洗碗一個小時，然後才去休息。如果他將精力浪費在職責以外的工作，他如何能充滿活力用笑臉迎接顧客呢？他辯解：「一直以來都是如此。」我皺起了眉頭，心想自己來到一個食古不化的團隊……透過耐心和辛勤的工作，或許我能提供一些關鍵，讓他們已經掌握的專業技能更臻於完美？這裡就和其他地方一樣，我似乎需要注入新的活力，還必須適應大樓的運作：一樓的接待處可以取得開胃酒；二樓有三個不同氛圍的用餐區，座位可容納十五至二十人；廚房位於三樓，甜點則在四樓。要在適當的溫度上菜，要確定助手的位置……這些特殊的配置，多重的通道、門、小門，這一切都讓團隊的工作變得更加繁重。

在用餐區就如同在廚房一樣，我們必須傳達艾倫·杜卡斯的訊息。杜卡斯為他在巴黎開幕的餐廳選擇了主廚。當我得知他的決定時，我必須承認我寧可拒絕前來。艾倫·杜卡斯的左右手艾曼紐·佩里耶和杰哈·馬金打了兩通電話便說服了我。他們堅決表示：「你會看到他已經成熟了。他真的變了，相信我們。」我同意到巴黎來。但這位我不說出他名字的主廚從第一次服務便流露出他糟糕的一面。兩年後他的離開對我來說似乎是件好事。

尚馮索·皮埃居接替了他的位子。我就這麼遇見了在這行裡形象十分鮮明的人。我們在工作上的關係因無時無刻的競爭而趨向超亮眼的表現。他的魅力是他的一大賣點，即我們所稱的「JF風格」

……他是無人可比擬的！我們較勁的機會越來越多。我為他無比精準的料理魅力所傾倒。他的技術令我驚豔。我們兩人都在艾倫．杜卡斯的指導下成長，關係也因此而變得緊密。我們之間有某種互不侵犯的協議，但更重要的還是誠摯的友誼，證據就是他邀我去參加他的婚禮。

讓我們回到龐加萊街五十九號剛開始的前幾個月。艾倫．杜卡斯陪伴他的廚房團隊，並建立了固定薪資制度。這樣的變化讓我們稱為「黑衣人」，也就是穿著燕尾服的餐廳領班咬牙切齒。我感覺到他們的表現有所不同，而且很快發現餐廳不再理所當然地客滿，因為從這時開始，不論他們服務的是二十名還是五十名客人，薪水都是一樣的。為了增加訂位率，我仰賴我暱稱為「PP」的客服經理佩妮羅普．佩蘭的能力和忠誠度，擬了一個策略。數字再度攀升。前餐廳經理尚傑克．凱門在辦公室裡保留了一個 F&B（food and beverage）經理的職位，即管理所有的固態和液態餐飲。如果我不適任的話，艾倫．杜卡斯是否保留了鬼牌？有可能。就像 JR（喬爾．侯布雄）忠實的副手：費德烈克．安東（Frédéric Anton）總是在廚房裡坐鎮，而菲利浦．高貝（Philipe Gobet）總是負責甜點一樣。

在艾倫．杜卡斯的時代，龐加萊街五十九號的餐廳變得現代化。我僱用了第二名洗碗工，為餐廳領班卸下這多餘的職務。這個不擅長團體行動的團隊未必會關注彼此的等級，但也漸漸展現出團隊的樣子。我很快就發現自己不再因為自己的身分而臉紅了。我儘快進行一些職務的招聘。我率領團隊進入這個我逐漸融入個人元素以獲取平靜的世界：奧利維・蓋希耶、克里斯蒂安・拉瓦爾、翁貝托・吉洪多也加入了我。西莉亞在飯店附屬的酒吧工作，她是經理。團隊變得年輕化。年輕人才能忍受這樣漫長的工作日：早上八點抵達；下午在餐廳的沙發上午睡；在安全警報啟動後的深夜才能離開……沒有個人時間，我必須確保我們全員朝著最佳的方向邁進。所有人都在工作中投入了大量的時間，以至於我們有幸在五個月內摘下了米其林三星。另一方面，米其林指南則從摩納哥拔走了一顆星，或許是做為懲罰，以便讓杜卡斯先生了解，他不能到處揮灑天賦，卻無法讓兩間餐廳都維持同樣的品質。但他在一年後便收復了這顆失去的星星……無論如何，我很滿意自己是勝利團隊的一員。至今我仍是這麼想！

托盤上的槍

儘管龐加萊五十九號餐廳改變了樣貌，但對於較年輕且現代化的巴黎顧客群來說仍延續著先入為主的形象：更吝於交流、氣氛較緊繃，不像南方餐廳的顧客（有時和巴黎是同一批人）是來度假的。在首都時，他們承受著來自城市的壓力，不論是經營大企業的老闆，還是著名的美食記者如方索瓦．西蒙（François Simon）、尼古拉．拉波第（Nicolas de Rabaudy）、馬克．香佩拉（Marc de Champérard）、吉爾．普德洛斯基（Gilles Pudlowski）、尚克勞德．希波（Jean-Claude Ribaut）、克勞德．萊比（Claude Lebey），以及許多其他同樣具有影響力的記者。

我也為百人俱樂部（Club des Cent）的成員服務，該協會有一百名正式成員、學員或榮譽會員。這個俱樂部由記者路易．富雷斯特（Louis Forest）於一九一二年八月創立於埃夫勒畢許飯店（Hôtel de la Biche d' Évreux），旨在捍衛並推廣法國美食。根據他們的一些著作指出，每名申請入會者必須由兩名成員贊助；他必須通過美食考試，以「專業且友好」的態度回答委員會成員的問題。這間俱樂部旨在「對於推薦惡名昭彰的夜總會和無名低階小餐館的指南，推翻他們不實的陳述」。他們自認是「認真的駕車旅人、經驗豐富的巡迴鼓手，一心只想無憂無慮地過生活」。「旅長」指的是每個月的第四個禮拜四負責籌辦午餐會的人。在選擇餐廳並訂位後，料理長和旅長便開始品嚐，而且為了評估菜單，讓這份要招待許多重要人士、企業家和政治人物等的菜單更加精緻。旅長會在開始用餐時宣布菜單。每次餐會後都會有報告，過去會和米其林分享，後者在管理特定機構時會參考這些寶貴的資訊，以充實該年度的指南內容。餐後，「報告人」起身，開始高聲評論菜肴和酒。坐著的百人俱樂部成員通常會鼓掌。但他們有時也會不滿，敲著桌子，或是像高盧人住到聲名狼籍的旅館般發出：「嗚……！」的聲音。

除了這些充滿陽剛氣息的餐桌以外，我們很害怕羅克珊·德布松（Roxane Debuisson）的來訪。她是位神祕的女性，流連於巴黎各大三星餐廳，總是跟在她海軍藍的勞斯萊斯 Phantom V 後面移動。她的出現需要特別留意。如果沒有其他對我們的菜單好奇的主廚陪同下，德布松女士有時會邀請我們的侍酒師杰哈·馬金和她一起共享午餐，並搭配大量的慧納白中白香檳。羅克珊·德布松在二〇一八年以九十一歲的年紀離開了我們！她是偉大的收藏家，也是巴黎廚師們的教母。五十年來，她每天都要在米其林餐廳的餐桌上吃飯。

最後的趣聞是：有四個朋友經常會來我們餐廳吃飯，他們習慣在飯前飲用一杯香檳。每次他們當中都會有兩人的其中一人問：「你們有『摩瑟水晶杯』嗎？」我將這小小的器皿帶到桌上，讓他們可以增加香檳的氣泡。顧客將他酒裡的氣泡全喝光了，讓他的朋友相當惱火。某日，這四位朋友之一呼喚我。下次可以帶真正的毛瑟來嗎？毛瑟是著名的半自動手槍。我仍不忘盡可能發揮我的專業精神，向他說明要將這樣的物品帶到龐加萊街五十九號會有點棘手，因為考慮到所有的顧客……

但他還是不願放棄。我們找到了解決方案：在約定好的那天，我將手槍擺在銀製的大托盤上，並蓋上白色餐巾。我用手掌按住驚喜，穿過走道，朝著這四人的餐桌走去。當其中一人像往常一樣要求摩瑟水晶杯時，我們在他的同意下，在托盤上擺上毛瑟手槍。他們在整個用餐期間爆笑如雷。我完成了我的工作！

雅典娜廣場：睡美人

我從電話中認出了尚馮索．皮埃居的聲音。

他驚呼：「丹尼，我們要去巴黎最美的飯店！」「噢，是嗎，我們要搬家？」

想到要離開龐加萊五十九號，我露出了鬆一口氣的微笑。我們的困境，有時也包括我們的抱怨，經常會傳回艾倫．杜卡斯耳中。我不打算在這間處境非常艱辛的餐廳度過一生。

「那我們要去哪裡？麗思飯店？凡登廣場？」

尚馮索想了兩秒後回答：「別胡說八道。是巴黎最美的飯店。」

「克里雍？協和廣場？」

「你是故意的嗎？」

「我不知道……」

「我們要去雅典娜廣場！」

「雅典娜廣場……噢，好吧。」

我不想向尚馮索．皮埃居承認我無法在巴黎地圖上，從眾多首都的飯店中確切指出這間飯店的位置。或許過去我曾騎機車去過。我想它應該就在香榭大道附近……依我的專業程度，卻還是幾乎不認識雅典娜廣場的光環，表示這間飯店的影響力範圍依然有限。因此我有充分的理由去了解這間在巴黎知名度排名第六的飯店。是什麼原因讓它離得獎台如此遙遠？雅典娜廣場發展得有點緩慢，是睡著了嗎？儘管如此，已上任六個月的新任總經理具有喚醒這睡美人的雄心壯志。

方索瓦·德拉耶過去負責管理鄰近我們龐加萊五十九號餐廳的飯店，那是屬於通用水務公司的產業，該公司的代表包括尚馬希·梅西耶、史蒂芬·理查、愛妮思·勃艮第……他和我們團隊的互動一開始僅限於這鄰居的關係。後來他和艾倫·杜卡斯一見如故。當汶萊的機構，更確切地說是汶萊的投資機構提議要他接手雅典娜廣場時，方索瓦·德拉耶想尋找一位新王牌來接替主廚艾瑞克·畢法（Éric Briffard），後者的餐廳攝政（Le Régence）座落在雅典娜廣場內庭的邊緣，以米其林二星揚名。方索瓦·德拉耶成功聘請他過去的鄰居來擔任顧問。此後，不論是在餐廳還是飯店的其他地方，吃喝全由艾倫·杜卡斯負責。他的到來勢必會為這間餐廳注入新的活力，或許是帶來第三顆星……對艾倫·杜卡斯來說，雅典娜廣場是享有盛名的飯店，具有尚未完全開發的潛力，外觀像遊戲場，越來越緊急的挑戰是團隊的耗損，再加上我們越來越想離開龐加萊五十九號。我們考慮要在二〇〇〇年八月搬遷……這讓我放下心中大石。

在艾倫·杜卡斯的辦公室裡，艾倫、尚馮索·皮埃居和我一起漸漸勾勒出新餐廳的故事綱要。我們透過交流整理我們的思緒、抱負、身分認同，不論是在廚房，還是在用餐區。設計師派翠克·喬因（Patrick Jouin）過去是菲利普·斯塔克（Philippe Starck）的弟子，負責營造排場。他在淺灰色地毯中央畫了個橘色十字，在牆上擺了個沒有指針、無法顯示時間的鐘，並在壁爐兩側放上兩張一男一女穿著白色衣服的全身照。是天使嗎？金屬透明硬紗織物包裹著三個別出心裁的吊燈。刺繡屏風為牆面增添天鵝絨感，桌上鋪有絨質桌布和布墊。整個用餐區成了現代與傳統難得交會的包廂。

從設計用餐區開始，派翠克．喬因就聽從我的建議。這讓我受寵若驚。我認為部分照明不足，於是他增加了一些落地閱讀燈，每隔兩張桌子就會有光束照耀。派翠克也同意移動一些家具。就像艾倫．杜卡斯常說的：「設計師負責設計，服務生負責服務，廚師負責料理」……而這句話的意思是我們每個人都各司其職。我可以理解要設計師了解我們的地形限制是不容易的。派翠克偏好美學上的考量，而我對用餐區的概念則首重機能。這很正常！要讓不同的專業完美融合總是相當困難。

我們經常採用既精緻又脆弱的原型家具。我還記得這張著名的可麗耐皮製扶手椅。在進行夜間服務之前，我來到餐廳裡的用餐區，巡視一切，以做好周全準備。我遠遠看見艾倫．杜卡斯、派翠克．喬因和雅典娜廣場的負責人正一個個坐在這精美的座位上進行測試。但我並沒有受邀……在他們離開後，我終於坐在這張以合成材質製成的原型家具上：三分之二為碳酸鈣礦物填充料，三分之一為丙烯酸樹脂。我只能觀察這張扶手椅缺了什麼。這原型還必須修改！但我能怎麼做，畢竟他們才剛確認了一張七十五張椅子的訂單……。緊急提出建議？冒著不被傾聽的風險，或更糟的情況是，被趕回「服務生負責服務」的位置？我主動告知艾倫．杜卡斯的助理，杜卡在隔天早上召開緊急會議。早上八點，我坐在原型扶手椅上。艾倫．杜卡斯、方索瓦．德拉耶和飯店經理在我面前。這不是行刑隊，雖然看起來有點像，氣氛非常緊繃。我不想含糊帶過，否則我可能會「被流彈打到」……。我開始發言：「主廚，首先，當我讓顧客坐下，並將椅子向前靠時，椅子下方的皮革突起部分會擋到顧客的腿。」我進行示範。他注意到這點，並請派翠克．喬因將這部分向內彎。我繼續說：「主廚，其次，這張椅子的扶手會讓體型較大的人無法舒服就座。」艾倫．杜卡斯坐了下來，並冷冷地對我說，一切都很好。我建議找個體型更龐大的廚師來。後者非常費力才坐下。艾倫．杜卡斯瞭解了，並請派翠克．喬因將椅子再放大百分之十至十五。我繼續說下去。「主廚，第三，椅子內嵌用來放手提包的托盤深度不夠！」艾倫．杜卡斯放入他的鑰匙，再次對我說一切都很好。我請他把椅子往前挪。他照著做，結果鑰匙掉到地上。艾倫．杜卡斯轉頭對設計師說：「不，派翠克，這些你都要重新修改，而這個擱板你要再挖深！」

這次會議的結論是：派翠克必須重新檢視他的原稿。儘管擔心他們沒有聽進我的意見，但我仍專注在我的目標上，而且我無法逃避「顧客」的視線，你懂的，他們總是會促使你做出正確的決定。

無論如何，餐廳的樣貌已經成形，我們很快便和艾倫．杜卡斯團隊的成員、合作夥伴及充當白老鼠的朋友們展開首度的實驗性服務。八月中旬，在艾倫．杜卡斯的辦公室舉行的某次會議中，杜卡斯對尚馮索．皮埃居說：

「你什麼時候可以做好開餐廳的準備？」

尚馮索不假思索地脫口而出：「我會在二〇〇〇年九月二十五日準備好。」

我們驚訝地看著他。他沒有展現出絲毫的遲疑。如此確切的日期是怎麼來的？

杜卡斯連眉頭也不皺地回答：「好的。那麼餐廳將在二〇〇〇年九月二十五日開始營業。」

散會後，我想解開謎團。

「尚馮索，你的日期哪裡來的？為什麼是九月二十五日？」

他的眼神閃耀著調皮的光芒。

他悄悄地說：「因為九月二十五日是我的生日！」

這位尚馮索真是太厲害了。

3．我是一號人物

3. Je suis un personnage

一口魔法

雅典娜廣場的新餐廳在預定日期打開大門。高雅、精準、莊重、表現出色。如果用車子來比擬，我們就是一級方程式賽車，是銳利的前端足以劃破空氣的戰爭機器：我們幾乎馬上就取得了米其林三星。我還記得二〇〇〇年十二月四日我們和艾倫．杜卡斯及尚馮索．皮埃居一起精心策劃的這場不可思議的午餐，歐洲所有知名的三星主廚齊聚一堂（三十八間餐廳和三十七位廚師），慶祝米其林指南一九八五年至二〇〇〇年間代表性的總經理伯納德．奈吉林（Bernard Naegellen）的退休。一張發表在《Paris Match》上而且已經成為絕響的著名照片，就是所有的廚師靠在雅典娜廣場的窗戶上，周圍圍繞著代表性的紅色天竺葵、造景的顏色、雅典娜廣場的顏色！

起初，我們每周只供應五次的晚餐。我認為我們的餐廳中午不對外開放很可惜。

艾倫．杜卡斯回答：「你有什麼想法？」

我說：「或許開放一天供應午餐還不錯。」

他同意：「好的。哪一天？」

「禮拜五？這是周末度假前的最後一個上班日餐飲。」

「尚馮索，你同意嗎？」

他點點頭。漸漸地，我們想到只開放一天的午餐有點可笑。我們又加入了禮拜四。經過良好的溝通，我們三人都同意這新的配置：五天晚餐、兩天午餐。對我們團隊來說，這樣的工作條件可確保為我們帶來極大的舒適度。

對我們的顧客來說也是，因為不論他們是中午還是晚上過來，總是可以見到同樣的臉孔。他們認得餐廳領班丹尼、侍酒師洛朗、客服經理佩蘭等。當我們在一次又一次的餐點中建立好感時，我們的顧客喜歡我們敘述的故事，也帶來了他們的忠誠度。

而我也到達職業的巔峰。我認為我已幾乎完美掌握恭維與虛偽、存在和無所不在、直率和放肆、敏感和神經質、保持距離和冷淡、幽默和遲鈍等之間的細微差別。而我只會在合理的情況下才堅守制式的原則。結清帳單後，我的名片可做為特別禮遇的保證，顧客必定會記得他來過雅典娜廣場。我們會寄送感謝函，希望我們有幸能再為這名顧客服務。我常說：「顧客離開後才是一切的開始。」我銘記在心的這句話協助我和顧客維持關係，即使是在他們離開後，鼓勵他們再度光顧，這樣的現象以我們的術語來說叫做「回頭客」。

在他的廚房裡，尚馮索．皮埃居和他的助手西爾維斯特．瓦希德（Sylvestre Wahid）、塞德里克．貝查德（Cédric Béchade）和小林圭（Kei Kobayashi）自由發揮著他們精湛的技藝……他們推出令人眼花繚亂的菜肴，並搭配麥可．巴托切蒂（Michaël Bartocetti）的甜點，有時是飯店甜點主廚克里斯多夫．米夏拉克（Christophe Michalak）的甜點。克里斯多夫是傳奇人物皮耶．艾曼的忠實弟子，他會和我分享他對糕點的熱情。二〇〇五年，他甚至邀請我協助他展示他以仙女為主題的作品：「山林女神」（L'Oréade）和「水神」（La Naïade）……克里斯多夫贏得了這次的比賽，這個在里昂國際酒店餐飲業博覽會舉辦的博古斯金獎廚藝比賽（Bocuse d'Or），抱回了這世界知名的獎杯。他的職業生涯從此開始大放異彩。曾夢想成為甜點師的我成了餐廳領班，而他是真的想當甜點師嗎？在我們的某次談話中，克里斯托夫向我吐露他青少年時期的「職業」首選：「我想當個超級英雄，但當我發現超級英雄不存在時，我就已經成為甜點師了！」他同時也向我坦承他對漫威漫畫的熱愛。你們可以理解他現在的成功都是圍繞在這樣的狂熱上。他「M」的標誌，他的甜點和書籍的名稱：「降臨銀河曆」、「神奇柑橘」、「火箭」、「超級巧克力豆」……他大獲成功。

讓我們回到雅典娜廣場的餐廳。我的侍酒師洛朗．魯卡羅挑戰自己永遠以更卓越的酒來搭配菜肴。某天，我們記下了一位很友善的美國人S先生的訂位資料。這位法國葡萄酒的愛好者習慣在每次來訪時都要點一杯好酒。在他即將來訪時，我們會下到酒窖：必須穿越暗門，走過走道，蠟燭擺在地上，燭光在拱門上形成巧妙的光影遊戲。這裡有超過一千七百瓶樣本和三萬五千瓶酒，其中包括最負盛名的酒莊和法國本土的珍品：白馬（Cheval Blanc）、拉圖堡（Latour）、彼得綠（Petrus）、瑪歌堡（Margaux）、羅曼尼康帝（Romanée-Conti）等酒莊。酒品的供應由艾倫．杜卡斯團隊著名的首席侍酒師杰哈．馬金管理，再加上洛朗．魯卡羅寶貴的建議。我們在這裡找到一瓶一八九三年伊更堡酒莊的酒。酒標已經不起百年歲月的摧殘。為了向我們顧客進行品嚐時的解說，當然是在顧客同意的情況下，我們聯繫了呂爾．薩呂斯家族，即這珍稀酒瓶來自的波爾多酒莊所有人。我們負責聯繫的人費盡苦心撰寫了一篇文章，說明他們僅此一瓶的蘇玳葡萄酒的特性。這種葡萄酒是如此珍貴，全世界的瓶數或許屈指可數。我們何其有幸可以打開這種價值的瓊漿玉露！價格幾乎難以估計。

到了約定的日子，S先生和他的七名賓客就座。我們的侍酒師得體地敘述一八九三年伊更堡這瓶出色葡萄酒的故事。

洛朗明確表示：「我們已經沒有酒標了。但不必擔心，木塞可做為證明。年份就標示在上面。您會介意嗎？」

S先生回答：「不會，沒問題。」

「您想品嚐看看嗎？」

「好的。」

他不在意價格。我們在幕後安排各種細節，預先小心地將木箱拋光，再塞入木屑。在寂靜的餐桌前，洛朗鄭重地將葡萄酒開瓶器的開端口朝木塞旋緊。啪！等待了一世紀而腐爛的木塞爆開來。我們保持鎮靜。洛朗急忙向顧客說明，這確實來自一八九三年。「您看到了嗎？」他向顧客指出殘留的日期墨水痕跡，有零碎的一、八、九和三等字樣。顧客表示確認。他品嚐了第一口。他是如此滿意，因此想和人一起分享這歡樂的時刻。做為崇高的獎賞，他倒了一杯給我們的團隊。我請尚馮索．皮埃居離開廚房，到用餐區加入我們。S先生小聲地說：「上帝保佑你！」我們舉杯共飲。酒透出淡琥珀色，而不是我預料中接近深色的淡栗色。儘管已有百年高齡，但它的味道並沒有流失；仍保留清新感與活力。超脫時間的奇蹟時刻，讓我覺得自己處在很美好的地方、很美好的一刻，身邊圍繞著很美好的一群人。在這既商業化又充滿人情味的奇妙服務進入高潮時，我們三人：尚馮索．皮埃居、洛朗和我在廚房裡碰面。尚馮索．皮埃居為所有的料理準備了額外的一份。我們品嚐著餐點，將酒一飲而盡，一起用較低調的方式為自己慶祝這人生中特殊的時刻。

尚馮索．皮埃居製作了地中海鮪魚，根據菜單上的名稱就是他著名的「羅西尼閒釣藍鰭鮪魚」。這略熟，內部還很紅的魚肉料理表面還搭配一片鴨肝和黑松露碎屑，精緻程度令人難以置信。他的才華將我帶到很遠，很遠的地方。他也用鋪上黃金奧賽佳魚子醬且質地介於切碎馬鈴薯和馬鈴薯泥之間的液態甲殼類料理讓我們大飽口福……嗯……美味！儘管尚馮索．皮埃居還沒有用自己的名字取得他應得的三星，但在我看來，他已是當代最出色的廚師之一。就氣場、給人的感受和技術方面，他已具備如名廚傑克．馬克西姆（Jacques Maximin）的格局。在《頂尖主廚大對決》（Top Chef）的節目中，製作團隊將他的角色設定為洞悉一切且擅長重整秩序的冷酷廚師，還巧妙地將他嚴厲的眼神與其他參賽者的蠢事合成在一起。他和我在艾倫．杜卡斯身邊都有過同樣的經歷，有時情況很複雜，但我們總是能化解各種局面，而且幾乎能接下所有的挑戰。

簡單的番茄沙拉

雅典娜廣場飯店有二一〇間客房和套房，我們的顧客可以在這裡住宿幾天、幾周，甚至幾年。因此，我們成了一間暫住的居民可以在用餐時刻表達簡單願望的餐廳。某天，其中一位住客出現在我餐廳的入口。他今天希望自己的餐盤裡有什麼？他看我們的菜單來尋找靈感。結果他的回答令我驚訝。他禮貌地詢問我，是否可以點……最簡單的番茄沙拉。我們的廚師會做嗎？切幾片番茄，用少許的橄欖油、鹽、胡椒調味，就能滿足他的願望？我思考了一下。我可以在如此講究的餐廳裡供應如此簡單的沙拉嗎？我們可是三星餐廳，我們必須維持我們的聲譽！我選擇了最圓滑的措辭加以婉拒，這位先生用改變選擇來掩飾他的失望。

後來不久，我做為飯店服務主管而擔任值班經理這新的職務。一年裡有兩次的機會，當方索瓦·德拉耶不在時，他會交給我所有的鑰匙，讓我負責整個雅典娜廣場。在飯店「代理人」的身分下，我睡在蒙田大道二十五號，我在這裡代表四十八小時的權威：衝突、事件、糖或織物的短缺……儘管很疲憊，但這新的職務對我來說很重要。我還要撰寫非常詳盡的報告。而這新的觀察角度也迫使我從雅典娜廣場建築的內部來看待艾倫·杜卡斯餐廳的規模。

在這裡發生的所有事情都是方索瓦·德拉耶的責任，儘管從我們一到這裡，我和方索瓦·德拉耶及艾倫．杜卡斯就不知不覺地發展出相互依賴的關係。一個人拋出想法，另一人就會用盡各種必要手段去實現。平常即使這兩人的職責截然不同，但他們懂得如何釐清重點。我相信他們合作愉快。有時我夾在中間扮演機動的角色。因此在我回答「您知道嗎？」這類陷阱題時，我養成不回答「可是，德拉耶先生……」或「可是，杜卡斯先生……」的習慣。也不至於漠不關心，可以說我只是在迴避。讓他們別想指望我！而我的主要職責是從廚房端出美味的料理，以及照顧我們的顧客和米其林的星等。方索瓦．德拉耶和艾倫．杜卡斯並不需要我的介入：他們非常清楚可以在有需要時找到彼此。

艾倫．杜卡斯展現出強硬的領導者風範，而方索瓦．德拉耶則偏好一對一參與管理的方式建立自己的道路，展現高度的同理心。我們在雅典娜廣場享有優渥的工作條件，辦公室裡有性能最優越的技術性工具、優質的制服、員工餐廳、由楷模尚皮耶．肯普領導的公司委員會、十三個月的工資、分紅獎金、目標獎金……環境變得有利於我職務的充分發展和深化。

減少緊張、減少壓力、減少技術性限制、將更多的人力用於附加任務上、使用更多技術性工具……多徹斯特精選飯店在世界各地都有代表性的飯店，例如比佛利山莊、洛杉磯的貝萊爾、羅馬的伊甸園、倫敦的公園巷四十五號，而方索瓦．德拉耶身為此飯店集團的營運總監，他負責開發，並將我們討論的內容傳播到雅典娜廣場以外的地方。我們經常要飛到國外參加激勵研討會：伊比薩、摩納哥、賽普勒斯、馬拉喀什……我可以提供哪些發展方案？雅典娜廣場要如何取代第一名並成為第一？我們已確定第一名就是喬治五世四季飯店，這家飯店已多次被美國的顧客群選為巴黎和世界最佳飯店……但方索瓦．德拉耶仍不辭勞苦地想取得這第一名的寶座。他堅決主張：「如果你部門裡的每個人都成為第一，那麼整間飯店也都會成為第一。」我真的按他字面的意思去執行這項任務。我開始進行各種活動，試著成為我所在領域裡的第一名。

透過教練指導、研討等進修活動讓我的訓練更臻於完善，並讓我學會在負責人的職務中有所進步。為了讓我在現場不要那麼緊張，可以良好服務、切肉、準備、管理我的員工，方索瓦．德拉耶給我完全的自由，促使我表現得更像經理。尤其當我了解到飯店一直以來的目標是「過去和未來的飯店」，這樣的口號概括了我們這些部門負責人所承載的願景。我們一切的策略都必須捍衛這個目標：以過去為基礎，為未來做好妥善準備。飯店必須在投資者、顧客和員工這三重的架構上運作，完美的平衡便可帶來成功。投資者期待他的投資有所回報，但首先他必須投資。顧客要求服務水準符合帳單上的金額，但他必須支付合理的價格。員工應該獲得與工作辛苦程度相當的薪水，但他必須提供符合期待的工作品質。

方索瓦．德拉耶對我委以信賴，而且他自一九九六年以來便從未收回這樣的信賴。從前幾年開始，他便偶爾會給我雅典娜廣場的鑰匙。這新的職務讓我不得不將頭從我的餐廳裡探出，讓我思考的領域擴大。艾倫．杜卡斯會設定框架，規定我們要採取的方向，我必須不斷地回應他指派的任務，而方索瓦．德拉耶則較願意徵詢我的意見。在他的執掌下，我迎接更多的挑戰。他促使我成長，而我的努力得到了回報。

二〇〇一年，記者喬治．戈蘭在《餐廳領班與侍酒師》雜誌裡寫了幾句讚揚我的話：「管理艾倫．杜卡斯雅典娜廣場餐廳的丹尼．庫蒂雅德代表新一代的餐廳經理。他奉行的人力管理建立在以身作則、聆聽、說明和投入等基礎上。全然的現代風格，與顧客之間的關係不再生硬。」

我的么女愛莉莎也在二〇〇一年出生。我的家庭和職業生活都在蓬勃發展。二〇〇四年，當我四十歲時，我覺得我必須重新思考自己的人生。我透過經驗驗證通過了BTS（二年制高等專業技職教育課程），我說：「在考慮為法國隊效力之前，也要先具備一定的水準……」這就是我給我們的侍酒師之一塞德里克．皮科的建議。我取得了B方案的飯店餐飲管理文憑：Paris VAE（經驗驗證）「餐桌與服務藝術」。同年，即在二〇〇四年的六月，帕斯卡．鮑多因在《Est》雜誌上寫了另一段對我表示認可的文字：「丹尼就像是艾倫．杜卡斯料理的發言人，並加入了自己的個人特色：就像已技術純熟且胸有成竹的人般展現出幽默與明顯輕鬆自若的神情。」

做為本章的結語，我再度在走廊上遇見了那位我拒絕供應番茄沙拉且上了年紀的顧客。在好奇心的驅使下，我問他在這裡多久了。他回答：「四個月了。」當我發現他房間的價格時，我的臉頰開始發熱。我拒絕為這名上了年紀、非常親切且溫和的先生提供番茄沙拉，而他在這間飯店裡一晚三千歐元的房間已經睡了四個月……這是多大的錯誤！我是多麼傲慢！當他到餐廳裡吃東西時，或許他已經厭倦了酒吧、商場或附近小酒館的餐點。對於想點烤雞或番茄沙拉的顧客，我卻用以下的言論來加以反對：「我們是三星餐廳。這裡不供應這樣的料理。」多虧我身為值班經理的經驗，我突然意識到，我的決定帶來的影響已超越了餐廳的範疇。我知道我必須更靈活一點……我和我的三名助理：奧利維．蓋希耶、費德烈克．魯昂及紀堯姆．佩蘭分享我的感受，而且也要求他們做同樣的事。我們重新將顧客的需求放回中心位置。

打造個人化專屬關係

餐廳領班必須透過巧妙的詢問關心顧客（他的故事、文化背景、喜好），以便提供恰到好處的建議，而不是死記，甚至結結巴巴地念出餐廳的菜單。他提供的建議可展現他的應變能力。說話的音量、語速，以及使用的口氣也一樣。巧妙地詢問顧客來訪的目的也很重要，同時說明餐廳可提供專屬他個人的招待方式（蠟燭或生日蛋糕、更快速的服務、隱密的餐桌，或相反地可看到優美景觀的餐桌等……）。如果是常客，我們會考量他上次來訪時我們觀察到並注意到的要素。因此，就像我常說的，從顧客離開的那一刻，一切才剛開始……

我我不斷挖掘自己的潛能，身為值班經理，我越來越常參與飯店的生活。部門負責人會議、激勵研討會、參與公報和創新小組、成立雅典娜廣場關於文化和運動活動的夢幻團隊、教練指導……

我始終和方索瓦・德拉耶維持著友好關係，他現在已認識我的家人、我的小孩，反之亦然。我發現或許我和艾倫・杜卡斯之間缺乏的正是這樣的情感。我在雅典娜廣場進行的一切活動，都為我帶來了我從小就渴望獲得的認可。

我們報名了飯店之間的足球聯賽，這是我首度以教練兼球員的身分參加。我們的球隊和麗思、克里雍、布里斯托等飯店對賽。我們將雄偉的聯賽獎杯帶回給方索瓦・德拉耶。後者毫不掩飾他的激動：他高興得要命，彷彿我們贏得了米其林四星！我注意到我的工作也具有運動的面向，因為非常耗體能；我們必須訓練、恢復，而耐力尤其重要。我喜歡將運動與工作進行對比。在球場上，我看到員工有的冷靜，有的有技術，有的謹慎，有的具備技巧。而就心態和動力而言，我在足球場上學到的幾乎比我在餐廳裡的餐飲服務還要多。我的學徒之一傑若米・封丹，他在餐廳裡很內斂，但在球場上的表現卻判若兩人：他強健有力、堅忍不拔，是真正的鬥士。現在他知道我懂他，他也不再躲在托盤後面了。運動為我帶來真正暢快的疲累感，而非工作那種身心俱疲的感覺。足球讓我不用多想，只要盡力就對了，關鍵就是射門得分、贏得比賽。我精疲力盡，但兄弟情誼、團隊合作、即使是下著雨的戶外、射門得分時隊友的祝賀，以及當我在沒人碰我的情況倒下時他們七嘴八舌提供的意見，這些都讓我重生，可以說是處於最美好時光的拉雲拿利。

二〇〇四年，尚馮索・皮埃居離開雅典娜廣場，到克里雍就職。我們的緣分到此為止，但和主廚克里斯托夫・莫雷展開了新的故事。他來自和我相似的職業生涯：路易十五和龐加萊五十九號，在一九九六年和艾倫・杜卡斯一起開了湯匙餐廳（Spoon），其中融合料理（cuisine fusion）的創新概念已遍布全世界：格施塔德、倫敦、迦太基、模里西斯島……克里斯托夫體現了安靜的力量，但同時又充滿了令人感動的溫暖人情味。人們一旦進入他的小圈子，就會待上好久。我們很快就成了朋友，會到彼此家中用餐，談論小孩；他也邀請我去參加他的婚禮。我的兩名助理馬西姆・梅茲與塞巴斯蒂安・諾耶勒也很喜歡他。

克里斯托夫・莫雷在雅典娜廣場開始遵循經典料理著作的傳統配方，而這其中也包含著艾倫・杜卡斯的料理傳承。艾倫・杜卡斯請他在這已鋪設好的軌道上加入變化、亮點。克里斯托夫・莫雷打造了柑橘烤海螯蝦、水手風大菱　，加入現代的概念並重新演繹，例如他的改良皇家野兔，便以烘烤和油封的方式增添美味。他熱愛「快煮」的挑戰，即時料理是世上最美味的料理。我喜歡供應這位廚師的菜肴，因為他很樂於為特定顧客製作個人化料理。他沒有絲毫畏懼，他躍躍欲試地對大家說：「讓我來，我做得到！」我在顧客身旁，像背詩一樣背誦魚子醬海螯蝦佐鴿子蕪菁或「蒙地卡羅蘭姆巴巴蛋糕」的故事。如果有人向我點番茄沙拉（我現在很樂意提供），克里斯托夫・莫雷會開心地從他的食品櫃找出各種品種的番茄：黃的、黑的、紅的、綠的來進行切割，以提升這道經典前菜的層次。我在桌上擺上這三星版本的番茄沙拉，名為「綠色斑馬番茄、克里米亞黑番茄、安地斯角形番茄、牛排番茄沙拉」，這是我和克里斯托夫之間的默契。他經常讓我聯想到漫畫人物，他極具個人特色的表達方式經常令我發笑：「我沒有八隻手，我的媽媽沒有跟章魚睡過！」、「你的問題不會變成我的問題！」、「我們不會說這樣的服務是好的，因為根本就沒有服務！」……在每次的服務中，我都喜歡記下他說的這些話。某天，我為他設計了一個大玻璃框，把這些話都記在上面，向他如此有創意的料理對話致敬。偉哉克里斯托夫！

日本的香腸和卡門貝爾乳酪

我和克里斯托夫．莫雷曾一起代表雅典娜廣場到日本的美食周參訪兩次，確切地說是去東京銀座香奈兒的艾倫．杜卡斯的米白餐廳（Beige）。我們接著將參訪深入至京都和大阪。訪問在寺廟裡進行，唯有相關人士才能進入。我雙腿交叉地坐在地上的榻榻米，身旁身穿和服且妝容得宜的正是東京最受人尊敬的藝妓老闆娘。交叉訪問開始。NHK電視頻道著名的評論員與我們的TF1法國電視一台評論員交替發問。我代表的法式餐飲服務與日本「陪伴服務」的傳統藝術之間，進行了越來越多的比較。後者會餵食「顧客」，除了提供餐飲服務以外，也會跟顧客聊天、唱歌、彈奏音樂、陪伴；我們甚至說藝伎有時是「身心」都完全投入在餐飲服務中。我很驕傲能代表我的國家：法國。而在回答記者的問題時，我也必須吃喝藝伎為我提供的一切飲食。

在餐廳裡，日本人大約在晚上六點享用晚餐。我和克里斯托夫．莫雷一起展開服務。我們的工作在晚上八點時結束，接著開始探索夜晚的東京。我們打算傍晚到傳統餐廳用餐。無疑是我們巴黎餐廳最忠實顧客的今岡先生為了向我們表示敬意，準備了特殊的夜間活動。某天，他為了慶祝妻子的生日而向我訂位。那是我們放完暑假要重返工作崗位的前一天。你猜怎麼了？我為他將餐廳打開，接著是水族箱（位在廚房的廚師用餐空間）……就為了兩位客人：今岡先生和太太。我們就用這樣的方式和這類的顧客建立關係。

今岡先生在他的豪華轎車中等著我們。我建議克里斯托夫帶著我們離開巴黎前考慮要送的禮物。他趕緊打開米白餐廳廚房的冷藏室，抓了一根香腸和一塊卡門貝爾乳酪。沒錯，不然你以為會是什麼？三十分鐘的路程將我們帶離一間迷失在巨大建築中的小餐廳。坐在吧台前，我們開始探索不可思議的日本祖傳料理。一個十歲的巨大牡蠣躺在我的餐盤中……這不簡單。活生生的槍魚賊向前伸出觸手……但未能成功。未挖去內臟的烤魚……有點超出我極限。不過清酒和啤酒鼓勵我吞了下去。多麼特別的夜晚！飯後，克里斯托夫繞過櫃檯，來到廚房，差點做出大不敬行為。兩名帶著卡通般面容的壽司師傅圍著他。克里斯托夫掏出他的卡門貝爾乳酪和香腸，他冒失地開始切片。壽司師傅一邊品嚐，一邊發出奇怪的聲音：「屋馬……」多麼不可思議的文化交流時刻！但事情還沒完，在櫃檯的另一頭有兩個落單的人，其中一人在我往廁所的路上將我叫住。「丹尼？你怎麼會在這裡？」我回頭一看。那是李在鎔，三星集團的繼承人，也是我們雅典娜廣場餐廳的「頂級貴賓」顧客！他上次來訪是在六個月前；他的女性朋友因為飛機的關係而延誤吃晚餐的時間，她的點菜單在晚上十一點十五分才送達廚房，但為了彌補餐廳超時等待，他品嚐了一瓶年份非常古老的波爾多酒！

一場八級地震讓我們逃離了日本。在東京帝國飯店的五十六樓，我房間裡的玻璃杯和衣架像在海上乘風破浪的船一樣相撞。我從窗戶看出去：隔壁的大樓在搖晃，我的頭和腳也在晃。我跑出房間，迎頭撞上無動於衷在使用吸塵器的女性清潔人員，而我卻連站都站不住，我感覺我們腳下的地板在塌陷。我驚嚇且混亂地來到街上，然後地震停了。唯有經歷過這種現象的人才能明白那種失去平衡的驚恐感受。

詹姆士·龐德的西裝

二〇一〇年，我親自招待詹姆士·龐德。他的妻子陪同他一起來，我讓這對夫妻在九號桌就座。雅典娜廣場前架起了攝影機、麥克風和照相機，和擠成一團的兩百名粉絲及記者想像的不同，我像對待一般顧客般請布洛斯南先生點菜。那時他的最新電影即將上映，除了這特殊的背景以外，他們很順利地用餐。我上樓到我的辦公室裡待一會兒，電話響了。

我的副手對我說：「我們有麻煩了。」

「什麼麻煩？」

「皮爾斯·布洛斯南把他的西裝脫下來了。」

「然後呢？」

「他覺得熱。」

他明知這不符合我們服裝規定的程序，那為何還要徵求我的意見？我們對男人的西裝有很嚴格的要求，我們的所有訊息都強調了這點。萬一不幸忘記，我們有提供四十幾套各種尺寸的西裝，從海藍色到深色的西裝都有，我們希望盡可能讓多數人都能安心自在。

「您有請他穿上嗎？」

我的員工嘆氣地說：「我們不敢。」

「您說您不敢是什麼意思？」

「那可是詹姆士．龐德。」

「胡說八道！您以為他會站起來朝您開槍嗎？那不是詹姆士．龐德，那是皮爾斯．布洛斯南，和其他人一樣都是顧客。」

我的訓斥在空中迴盪著，但我的團隊不敢冒犯這名顧客。我趕緊下樓，推開門，用靈活的步伐走向九號桌。穿著襯衫的皮爾斯．布洛斯南抬起了頭，我用我最標準的英語發出請求：

「不好意思，布洛斯南先生，現在確實有點熱，但還是拜託您穿回西裝，我們有服裝規定。我會調整空調，幾分鐘後，您就會比較舒服些。」

個性禮貌優雅的皮爾斯．布洛斯南穿回了西裝。後來一名顧客呼喚我：

「先生，您做了不可思議的事。」

「真的嗎？」

「您這裡有國際級的巨星，而您居然讓他穿上了衣服！」

「您知道的，餐廳有服裝規定，全世界都一樣。」

「我對您表示讚賞，很少經理敢這麼做。」

當我向身邊的人敘述這段軼事時，我確實感到很自豪：我丹尼．庫蒂雅德讓詹姆士．龐德穿上了衣服！希望他覺得開心：如果這裡像龐加萊五十九號餐廳一樣嚴格的話，我大可以叫他打上領帶。不過我們一到雅典娜廣場便捨棄了這樣的規定，因為不戴領帶的顧客變多了。不僅僅因為我們只有三十幾個人力，也因為從邏輯上來說，打領帶花的時間和精力多過於穿上西裝！不過直到現在我仍堅決捍衛這樣的限制，就為了向穿著燕尾服並戴上蝴蝶結、華麗登場的顧客致敬。像這樣對儀容的重視也是對晚餐、晚宴和餐廳表達讚美的方式。穿上西裝可以讓我的餐廳看起來更一致、和諧並提升質感。想像一下這些隆重打扮的顧客隔壁坐著身穿紅色翻領毛衣、皺巴巴的夏威夷襯衫、腋下有汗漬，或是穿著短袖的 POLO 衫……或甚至是無袖圓領T恤的人……如果某天有顧客穿著睡衣出現呢？界限在哪裡？我身為餐廳領班的職責所在就是維持餐廳的和諧。西裝象徵著這無法跨越的界限。

艾倫．杜卡斯傾向盡量不要叨擾顧客。方索瓦．德拉耶則是擔心這樣的限制會對餐廳帶來負面的商業效應。後來，他因為這個問題而叫我過去，他對我說：「丹尼，我已經跟艾倫．杜卡斯說，餐廳不再強制要穿西裝了。」我沒有卸下武裝，並反駁說：「德拉耶先生，我不同意您的做法，而且我會解釋為什麼。」在三十分鐘的時間裡，我一再提出辯論。那我該如何處理不習慣超豪華服裝規定且身著牛仔褲、防水外套和運動鞋的亞洲顧客呢？而當下次他和貴賓級的客人共進晚餐時，我能安排這樣的顧客坐在他們隔壁嗎？聽著我說的話，他漸漸可以理解了。我幾乎就要遞辭呈了，若他堅持這樣做，我想我就不適合繼續管理這間餐廳。他讓步了，幾乎是因為我激動的爭論而軟化：「丹尼，好的。您說的有道理，就聽您的吧。」我是否能大膽地說，幽默的庫蒂雅德讓他不得不交出西裝管轄權？無論如何，方索瓦．德拉耶就這樣證明了他能參與管理並讓管理階層聽取他意見的能力。二〇一九年，我們餐廳依舊實行嚴格的西裝規定。維持這項規定的餐廳已經越來越少，但在巴黎蒙田大道的艾倫．杜卡斯餐廳裡，我們仍維持著嚴格的美學要求，而這樣的規則至少適用於百分之九十九的情況：我可以接受穿著開襟衫來吃午餐（打開時類似西裝背心）。我的立場在未來會改變嗎？或許，如果大多數的顧客變了，如果文人雅士已不再光顧本餐廳……

為了維持視覺、聽覺和嗅覺的和諧，我們也拒絕小狗進入，或許最不引人注目的除外。因此，當我的員工之一艾默里克在我耳邊驚呼那位女士的包裡有隻狗時，我無比驚訝！（我就不引述他的話了。）我假裝沒注意到那隻小小的吉娃娃。一般來說，我們不會讓狗進餐廳。如果有顧客帶著毛小孩出現，我們會告訴他我們的客服經理麗塔有多愛小動物，而且會在他整個用餐期間盡最大的心力照顧小動物。在這名神經質女士用餐期間，我看到她從餐桌起身，並走出用餐區，過來確認她的寵物過得是否舒適。狗拉長身子躺在地上，睡在一碗冷水旁。這時這名顧客冷冷地對我說：「你們應該沒有把我的狗放在地上吧？」我說：「呃，不會的。狗狗在椅子上，牠肯定是聽到了您的聲音，然後牠從椅子上下來……」她安心地離開了。我的女接待員為了等待她用餐結束，站了好久。

為了擺脫各種最離奇的情況，我們必須儲備大量的腦力。某天，兩名亞洲顧客皺著臉跟我說他們決定不吃了。為什麼？發生了什麼事？其中一人帶著噁心的表情，用下巴指向某名顧客：「看吧，她把鞋子脫下來了。」他明確表示：讓那名女士穿上鞋子，不然他就離開餐廳。儘管很遙遠，但這名顧客確實妨礙到他的視線。雅典娜廣場的用餐區很廣大，但有時還是不夠大……我沒有強迫她穿鞋，而是在餐桌和腳之間擺了一張小圓桌。一有其他座位空出來，我就建議亞洲顧客移位，讓他們徹底遠離那雙引起爭議的腳。他們樂意地照辦。

確立賓客的定位，以提供更好的服務

在顧客抵達時，懂得隨時調整我們的用字遣詞，並分配最適合他們的餐桌和分區主管非常重要。因此，我們必須在幾分鐘，甚至是幾秒鐘的時間內觀察我們的賓客：他的語言和肢體語言、他的眼神、態度、他的舉止及穿衣風格、他配戴的首飾……這樣我們才知道該將他擺在餐廳的中央、景觀佳的餐桌，還是餐廳兩側，或其他人看不到的地方。「門檻效應」是從顧客將腳踏入餐廳這個商業空間的那一刻開始，幾秒內就會引發決定性的作用。每個細節都很重要，就像人們常說的，讓人留下好印象的機會沒有第二次！餐廳領班必須擅長認人，為了接待顧客（不論顧客的身分或餐廳的定位），他必須能夠觀察、分析和調整，同時表現得真誠和親切，不論是接待用餐者還是住宿者都是如此。

在皮爾斯．布洛斯南來訪雅典娜廣場後不久，一名記者在《巴黎人報》（Le Parisien）上報導了西裝的這件趣事。他的文章標題為：「丹尼．庫蒂雅德讓皮爾斯．布洛斯南穿回衣服。」我帶著笑容閱讀這段文字：「餐廳的服裝規定要求穿西裝，而當演員皮爾斯．布洛斯南，即前詹姆士．龐德將西裝脫下時，丹尼．庫蒂雅德禮貌地提醒他這項規定。而〇〇七情報員聽話地穿回西裝！」我感到飄飄然。尤其是全世界的同行都同時授予我全球最佳餐廳領班的稱號。我獲得了由著名的國際美食學會頒發的「二〇一〇年全球最佳餐廳領班」的餐飲服務大獎，該協會在二十五個國家進行「捍衛與發展烹飪文化與遺產」的活動。我多麼榮幸能繼朱利．索勒（Juli Soler，西班牙鬥牛犬餐廳El Bulli的名廚亞德里亞 Ferran Adrià 的領班兼夥伴）和迪亞哥．馬西亞嘉（Diego Masciaga，倫敦北部布萊 Bray 小鎮上的水岸旅館 Waterside Inn）這兩位代表性的餐廳領班之後獲得這個獎項！

整排牛肋排，就像……在肉店一樣

犯錯也是一種幸運？我經常聽說犯錯、跌倒、失敗為我們帶來學習的機會。儘管我寧願繞過失敗，再找時間分析局勢以做出完善的決定，但錯誤有時是必經之路。在克里斯托夫・莫雷離開我們到富蘭克林・羅斯福大道代表性的餐廳拉塞爾（Lasserre）掌廚的那天，我的錯誤便讓我改變了方向。二〇一〇年，在尚馮索・皮埃居的代理人克里斯托夫・聖塔涅到來時，艾倫・杜卡斯建立了一個新方法，並加進了我們多年來捍衛的料理中，而且更激進、更直接、更清晰易懂。維持主食材的原始風貌，不做過多矯飾，只添加少量輔助食材，這稱為「本質派」。這個新概念幾乎讓我毫無用武之地，從我的桌邊服務角度來看，這個概念直白到沒有任何發揮的餘地，但也或許象徵著由克里斯托夫・聖塔涅代表的新時代開始。簡言之，這突然的轉變只是奪走了我部分的參與權。

在他上任的前六個月，可以理解在壓力影響下，我們的新主廚上緊了發條。克里斯托夫除了帶領艾倫・杜卡斯的團隊維持高水準的品質，做出引以為傲的成績以外，他還必須承受同行的目光，並維持雅典娜廣場的最高聲譽。看到他凹陷的顴骨、紅通通的臉頰，以及猶如著名動畫導演德克斯・艾利（Tex Avery）動畫裡經典的狼一樣突出的眼睛，我想我們之間的溝通顯然會很困難。經營方針的改變為我的餐飲服務支援工作帶來重大的動盪，我不情願地配合著。例如新的餐桌設計要求我們用整排的牛肋排進行擺盤，就像……在肉店一樣！餐廳領班拉著推車，推車木板上擺著一塊生肉：

連接著四至五根肋骨的牛肋排。我拿著一把屠夫刀，一邊吆喝著「先生、女士，你們想來一塊牛肋排嗎？」如果顧客同意，我就會當他們的面切肉，並將肉塊送進廚房，幾分鐘後再帶著煎烤的美味肉塊出現。終於可以展開經典的切肉儀式。

我還是不理解，為什麼我在餐廳裡的職務要變得如此複雜？艾倫・杜卡斯把我的工作變得瑣碎、打破我從反覆的服務中仔細且耐心建立起來的和諧，破壞我傾注心力的成果、工作環境的平衡及管理員工的熱忱，這樣他又有什麼好處呢？像這樣回歸到本質派，我的環境也跟著錯亂，這整排的牛肋排成了我的受難之路。我在遭受這苦難的懲罰時極為痛苦，我決定用這整排的肉排來懲罰自己。

我突然衝進廚房：

「我整排的牛肋排在哪裡？」

克里斯托夫強調：「不，丹尼，你知道的，你不必……」

「要的，給我。我要做，拿來。」

克里斯托夫・聖塔涅將肉放到通道上，我負氣離開。事後回想，我很後悔那段時光，員工和顧客都會感受到我的負面情緒。我的兩名助理約瑟夫・戴塞皮和達米安・佩平提醒我：「不能一直這樣下去！」過度強調一般員工的職責與我的價值觀相悖，我失去了笑容、洞察力、熱情和生命力。

我不開心，因為我不再理解自己在餐廳裡的位置。後來某一天，克里斯托夫沒來由地把我叫住：

「丹尼，我明白。」
我後退了一步。
「是的，主廚，怎麼了嗎？」
「我都明白。」
「好的，克里斯托夫，你在說什麼？」
「我明白在這件事當中，最重要的是你。」
「我？」
我皺起眉頭，心想在這突如其來的告白背後是否隱藏著什麼奇特的論據。這男孩有點奇怪。
克里斯托夫強調：「你是餐廳裡重要的元素，對我來說，你很重要。從明天開始，我要改變。」
他知道我需要他的陪伴。克里斯托夫．聖塔涅信守承諾，他在隔天便徹底改變。沉默像溪流中的水開始在廚房裡流動。空氣中瀰漫著避風港的氣息，鳥兒歌唱，蝴蝶飛舞。從這時開始，我發現了一位極其聰明的年輕廚師，他幾乎就像是無政府主義者般，帶有挑釁意味且細緻地結合了鹽和胡椒、油和醋，很少人能夠接近他的水準。當克里斯托夫敞開心房，關係便開始轉變。他甚至為我保留了獨家品嚐某些菜肴的榮耀，而且還是在艾倫．杜卡斯之前。他將菜擺在出餐台的一端，大叫：「來嚐嚐這平民料理！」多麼令人自豪！我經驗豐富的味蕾是訓練有素的。我能夠判斷調味、熟度或口感是否恰到好處……我說：「你不想將高麗菜葉再多切一下嗎？不是每個顧客的牙齒都很好。

你的菜葉需要一點咬勁，你不覺得嗎？」我非常重視這個角色，甚至有時會在凌晨兩點傳簡訊跟克里斯托夫說：「胡椒不會加太多了嗎？」或是我會稍微提一下我對菜肴的想法：「要不要試試製作只有大蒜味的料理，加點大蒜、洋蔥、紅蔥頭、韭蔥，並進行糖漬？或是白松露扁豆，可能會超美味！你覺得怎麼樣？」

克里斯托夫有時會考慮我的意見。無論如何，我覺得自己的想法是受到傾聽且被理解的。於是，我認為我也為這道菜的的製作盡了一小份的心力，這道菜是屬於我們集體創作出來的，我會無比滿意地將這道菜端到顧客的桌上。在聖塔涅、杜卡斯的料理中，庫蒂雅德也參與了極微小的一部分。噢，如果全世界的餐廳都可以採用這種運作方式和做法就好了！服務人員經常批評廚師沒有品嚐自己的菜。我們可以消除不同職責之間的隔閡，彼此都可以從中獲益。感謝克里斯托夫！

「先生，您是小偷！」

我的腳步再度變得雀躍，找回了六個月前所沒有的輕快。為了在與顧客之間時而緊繃的交鋒中獲得勝利，我們需要的是熱忱。有位日本先生在翻譯的陪同下，在雅典娜廣場的走廊上叫住了我：

「先生，您是小偷！」

我尷尬地回答：「抱歉，先生。我做了什麼嗎？」

顧客繼續說：「我昨天來您的餐廳吃飯，我點了一瓶 Cros Parantoux 勃艮第白酒。您為我倒酒，那味道真是獨特。」

他將酒標遞給我。在雅典娜廣場這裡，我們會使用酒標貼紙，那是一種有黏性的膠膜，可貼在酒標上，將酒標小心取下；顧客取得修復的酒標便可帶著品酒的回憶離開餐廳，有些人也會收集酒標。

他指出：「這是瓶七歐元的酒！」

「是的，先生，確實如此。」

「您是小偷！您向我索取一級葡萄酒的費用，但這卻是二級的葡萄酒。」

我嚇了一跳。他非常生氣。日本人的榮譽不得受到侵犯。我聽到「大使館」、「投訴」、「偷竊」等字眼。

我說：「先生，我為這個不幸的錯誤道歉。你可以給我一分鐘的時間嗎？只要一分鐘？」

我加快腳步，找我們的侍酒師洛朗展開調查。我給他看酒標。

「洛朗，你做了什麼？昨天，八號桌的客人點了一瓶七歐元的酒，但你供應的卻是二級的酒？」

「什麼？我絕不會這麼做！我沒有這種酒。」

「洛朗你是把我當傻子嗎？我手上拿著酒標，我們用酒標貼紙取下來的酒標！我已經被顧客搞得快崩潰了，而你跟我說你沒有供應這瓶酒？該死的，你在亂搞什麼？」

「我跟你說我沒有這種酒！」

「你把我當傻子！我跟你說我有酒標！」

「我品嚐過這酒，那是一級酒莊的酒！」

我們的協調成了一場謾罵，我掉頭回去。顧客還在走廊上等著我。

「先生，聽著，我非常驚訝。讓我花點時間進行調查。」

我等到整個團隊開會的那天晚上。

「是誰取下這瓶酒的標籤的？」

大家互相傳閱這有犯罪嫌疑的酒標，我們年輕的侍酒師學徒自首是他取下酒標，但同時聲明自己是清白的。

我說：「你做了什麼？」

「當我將貼紙貼在酒標上時，我將它撕破了……但我很幸運，酒瓶上還有第二個標籤！」

「什麼意思，第二個標籤？」

我們立即進入酒窖。洛朗從同一產地的一瓶酒中取下標籤，他驚訝地說：標籤底下還有一張類似的標籤！難道在貼標籤時，機器出現技術性的失常？大量的酒瓶上貼了兩個酒標……第一個是正確的，第二個是錯誤的。儘管這次並非我們的失誤，我們仍須保持警覺，因為詐騙無所不在，不久前警方才破獲了比利時的彼德綠假酒網絡。

罪犯將普通的葡萄酒以每瓶一萬歐元的價格販售給中國的百萬富翁，而他們的味蕾沒有經過訓練，所以很容易被蒙騙。今日的數位追蹤系統讓我們可以更確定地識別出在監控網絡中流通的頂級葡萄酒。酒莊要求餐廳業者僅能在餐飲中提供他們的酒，並禁止一切轉售。如果酒莊發現他們的酒在餐廳以外的地方販售，我們的名字會被從供應場所的清單上刪除……我趕緊向我們的日本顧客解釋。他始終保持懷疑（這也非常合情合理），他拒絕相信我離奇的說法。艾倫．杜卡斯在某次的東京行中在香奈兒大樓開了他的米白餐廳，而我們的首席侍酒師杰哈．馬金藉機洗刷了我們的聲譽。他從行李箱裡拿出了一瓶酒，顧客接受了他的邀請。杰哈當著他的面取下了第一個酒標，他們一起品嚐了這瓶酒，這確實是一級酒莊的酒。

喬治．克隆尼風格

我對於自己的工作環境感到越來越自在，越來越能勝任我的職務，對於我這負責且成熟的餐廳領班日常生活，我想是時候更新這角色扮演的遊戲了：老實說，丹尼先生有點厭倦日常生活了。我要如何在工作中加入一點想像呢？

我開始模仿喬治．克隆尼在雀巢咖啡廣告裡的角色：「夫復何求？」（What else ?）。小小的嘗試獲得了成功。有些熟客喜歡即興娛樂帶來的新鮮感，我便開始模仿這名美國演員略為斜視的魅力眼神。我的員工之間開始討論：「你不覺得他像喬治．克隆尼嗎？」「你不覺得髮型有點像嗎？」我趕緊表示贊同：「叫我喬治！」有些顧客非常喜歡我的角色設計，他們很快就特地寄信給我：「親愛的喬治，您好嗎？」某天晚上，美食記者馬克．香佩拉到出餐台正對面專為貴賓保留的私人包廂享用晚餐。

香佩拉先生大叫：「丹尼，今晚你讓我們發笑，我們就是來這裡開心的！」有位同事陪著他，他們的配偶也一起用餐。隨著氣氛越來越輕鬆，很快大家開始講話越來越低俗，跨越了一切的禮貌界限。我記得我的辦公室裡保存著一頂黑人爆炸頭假髮。我戴上假髮：喬治．克隆尼變身為麥可傑克森與兄弟組成的「傑克森五人組」（Jackson Five），我端著菜，從通道走進私人包廂。我沉默不語，以一副沒什麼的樣子為四名賓客服務。魚子醬海螯蝦、芳香清湯佐配菜，餐桌旁爆出三人的笑聲。但馬克．香佩拉愣住了，他不再開玩笑，而我離開後也脫下了假髮。一到隔天早上，艾倫．杜卡斯就撥電話給我，我已經知道他來電的用意。我做得太過頭，我搶走了馬克．香佩拉的鋒頭，我不懂得安守自己的本分。艾倫．杜卡斯大聲問我：

「發生什麼事？」

「主廚，我戴著假髮走進廚房……我因為太興奮，有點玩過頭了，是我沒處理好，很抱歉。」

杜卡斯有時視情況會告誡我幾句，但只講幾句話以後就掛斷電話，這反而讓人茫然不知所措。這樣的小故事提醒了我，我們是在一個商業關係勝過友好的職業世界裡。在餐廳的用餐區裡，幽默是很好的手段，但並不總是最好的手段。唯有顧客才能指定服務的行為。如果國家元首默許，我可以握他的手，而鄰桌的客人可能寧願要我單純擔任服務人員的角色就好。如果某桌的氣氛升溫，我們也要懂得踩剎車，尤其是在用餐結束後，不要以為我們會成為密友。除非令人難以抗拒的意氣相投，否則我們永遠不會成為顧客的朋友。餐廳領班可以感覺到這樣的限制，每種情況都必須經過巧妙的分析，如果不具備這樣的專業能力，最好改行，不如到劇院的舞台上表演自己的個人秀！

後來，一個轉折推翻了我模仿喬治．克隆尼的人物設定。克里斯托夫．聖塔涅在我臉上用力地親了一下，在他的自拍照中留作永久的紀念，我將這張照片貼到社交網路上。我還加上以下的標題：「廚房和餐飲服務團隊之間的緊張關係告終！」意想不到的莫名動力鼓勵我繼續朝這新的方向發展：

我開始送吻給每個人，包括顧客、廚師、員工。很快的，我的新角色超越了喬治・克隆尼的人物設定。「親親超人」在社交網路上變得越來越受歡迎。Atabula 網站甚至出現一篇文章對這樣的現象提出疑問：「丹尼・庫蒂雅德是怎麼變成親親超人的？」

「親親超人」甚至在餐廳以外的地方也為我贏得了認可。某位顧客某天在公園裡認出了我，他要求我親他一下，和他合照，我高興地照著做了。我的角色設定已完全超越了我本人。後來，我開始收集親吻，至今我收集了大約一百五十個免費擁抱。海倫・達羅茲、皮耶・艾曼（Pierre Hermé）、尚・因貝特（Jean Imbert）、克里斯托夫・巴奎、小林圭、賈科特・布拉齊爾（Jacotte Brazier）、史蒂芬・布吉（Stéphane de Bourgies）、尚馮索・吉拉丁（Jean-François Girardin）、皮耶・蘇（Pierre Siue）、吉伯・本胡達（Gilbert Benhouda）、史蒂芬・梅雅內（Stéphane Méjanès）……甚至是 Instagram 的愛好者方索瓦・德拉耶也想要索吻。這下只缺艾倫・杜卡斯的吻了。主廚，如果您的行程允許的話……

在飯店管理學校裡，年輕人也是用這個綽號叫我。他們大叫：「嘿，親親超人！」我不確定他們是否知道我真正的名字。我經常在法國各地與這些學生碰面，以傳遞我們的價值觀，並和教師建立合作橋樑。其中一所學校，為了宣傳他們的每月主題（卡洛琳・拉韋內 Caroline Ravenet 的「與專家會談」），邀我去聊聊我的職業並提供象徵性的物品。我走進房間，房間裝飾著可笑的海軍藍鴨舌帽，上面還印有「親親超人」的白色大字。連我當天的共同演講者科林・菲爾德（Colin Field）和菲力浦・福雷布拉克（Philippe Faure-Brac）也未必習慣這樣的場面。

是的！我想打破衣冠楚楚的餐廳領班卑躬屈膝、一本正經的形象。與我有時僵硬、嚴厲的性格相反，我想證明我也能展現我的友善。其實，當學生看到我帽子上的「親親超人」時，他們就笑了。從這時開始，他們更能體會我的經歷：在他還不是什麼重要人物時，像這樣在茹德里河畔維耶伊萊斯－邁松的盧瓦雷地區長大的孤立青少年，一名年輕人是怎麼單憑CAP職業能力證書就成為世界上最佳餐廳之一的餐廳領班，和最才華洋溢的廚師們共事，並為最有權勢的顧客服務？甚至是像宇航員托馬斯・佩斯凱（Thomas Pesquet）這樣真正的英雄？我的餐廳領班艾梅里克・勒沃特和我有幸在他重返地球幾周後為他在水族箱籌辦他的晚宴……這個人在我們頭上的太空中生活了六個月。對我來說，他簡直超越了所有人：歐巴馬、瑪丹娜、麥可・傑克森。在這名太空英雄面前，渺小的的丹尼・庫蒂雅德顫抖著；我的內在小孩，這來自盧瓦雷的孩子並不是在做夢：他確實在和太空人交談。我的汗毛都豎了起來。在我保管他的衣物時，我確保在他用餐時不會有任何物品遺失。「這或許是太空站的鑰匙？」他笑了。這是屬於庫蒂雅德的笑話。托馬斯・佩斯凱是所有超級英雄中最沒架子的。我的兒子羅賓在看到那一刻的紀念照時，從眼裡流下了驕傲的淚水，就和他的父親一樣。

我該如何盡我的職責？

我已經沒有再收到履歷了，但我卻需要新的合作夥伴。如果沒有人應徵，要如何找員工？我心想，艾倫．杜卡斯的人脈很廣，或許他能幫我推廣服務業。通常在我走進他的辦公室時，我以為我是帶著我的想法進去，但出來時懷抱的卻是他的想法。

「主廚，您是家喻戶曉的名人，我迫切需要您的幫助。因為我很久沒有收到新的履歷了，這讓我非常擔心。」

他看著我，而且略顯冰冷地回答我：

「那你呢，你為了你的職業做了什麼？」

對話結束。你猜到接下來發生什麼事了嗎？他的這種怪癖總是將我推得更遠……接著他的想法（或者說我們的想法）開始逐漸發展，那如果我自己找到了問題的解決方法呢？那如果我在公司以外的地方尋找解答呢？我決定出外遊說，征服年輕人。我在記事本中記下了餐飲服務業開會的日子。令人訝異的是，帶領這國家創議活動的人是著名的三星主廚雷吉．馬肯（Régis Marcon）。我很驚訝有人會請廚師，而非餐飲服務人員來發展服務業。我甚至驚訝地發現，有人委託魅力四射的主廚亞倫．杜都尼耶（Alain Dutournier）來擔任法國最佳工藝師競賽的「餐廳領班：服務與餐桌藝術」

類別的主席，因為沒有餐飲服務人員應徵這個職務。因此沒有我的同行來代表這個行業發聲？不論如何，在餐飲服務業會議的這天，我等著雷吉・馬肯發言結束，想和他交流。我和業界幾位其他的參與者臨時開會，花時間理清頭緒並進一步思考更多的問題。法國美食雜誌《Le Chef》的所有人當天從一開始就在場，後來他發表既強烈又顯而易見的看法：我們是接待與服務行業的代表，我們的團結合作會為我們帶來強大的力量。

在臨近二〇一二年夏天時，我們考慮實行一九〇一年的一項協會法則，旨在讓這個行業團結一心，重視接待與服務，並打破餐飲學院與職業界之間仍不透明的隔閡。經過漫長的討論，我提議由我來擔任主席。埃里克・盧梭、弗德烈克・凱杰、布魯諾・特雷費爾確認了我的第一個任期，接著是我的第二個任期。很快地，我們一起建立了我們的理事會：弗德烈克・凱杰和奧利維・諾維利成了副主席；埃里克・盧梭和約漢・喬西爾是會計；朱莉・特羅凱是祕書；喬阿金・布拉茲、麥克・布維爾、史蒂芬妮・勒克雷、米歇爾・朗和布魯諾・特雷費爾也是創始成員。後來，我們擴大了理事會，加入了科琳・哈克曼德（學務關係負責人）、伊曼紐・福尼（營運工作負責人）、克萊兒・索內（職業女性權益負責人）、史蒂芬・特拉皮耶（通訊負責人）、卡洛琳・拉韋內（國際發展負責人）。於是我們可以展開具體的工作：理念、名稱和標誌是什麼？應使用「服務」一詞。我們的活動主要針對年輕世代，因此所有人都同意使用這個名稱「噢，服務：明日的人才」。

我們向學生與教師敞開業界大門，以此取代傳統的校園推廣活動。每周會有十至十五個左右的年輕人來雅典娜廣場的餐廳參觀。我向訪客介紹餐桌的藝術，我竭盡所能地想激發他們想來我們餐廳裡工作的慾望。我試著讓大家了解這個形象不佳的行業。排班制？這很棒，當別人在上班時，你在度假，價格比較便宜，還可以接孩子上下學。我想起我想做這份工作的原因：親切接待時所留下既美味又愉快的回憶；團隊合作；接待、服務並讓客人感到愉快的樂趣；制服所代表的威望、在外國執業的機會、社會地位的真正提升……這不僅僅只是一份職業，還是真正的使命。

從服務到熱情

服務的概念是以「為別人效勞」的想法為基礎，而在我們這一行中這必定非常接近利他主義：我們認為其他人值得特別關注。在許多英語國家中，從沒人理解服務的真締，服務人員的主要收入來自顧客自願留下的款項，除非為了表達不滿，否則顧客很少不給小費。在法國，我們的理念則不同：服務仰賴每名員工的良好教育，以及管理人員的傳達。例如，我希望我的員工永遠不要接受預訂餐廳特殊位子的小費：小費是服務的獎勵，而不是用於收買。不論如何，就接待而言，我認為服務人員與顧客之間的交流往往過度正式，就像例行公事，不利於良好的接待。當我們掌握了接待和照顧顧客的分寸時，我們的職業就成了為他人存在的真正理念，一種天命。很少職業是如此苛求，但也少有職業可以帶來如此大的成就感。因此，對餐廳領班來說，接待的藝術必須結合熱情的模式。

我喜歡和參觀機構的教授們保持聯繫。我和來自波利尼的一位教師科琳・哈克曼德每年會一起邀請BTS（二年制高等專業技職教育課程）一班三十名的學生加入我們的思考。科琳是我取之不盡的靈感來源。我們努力透過研討會、書籍、競賽、贊助等來發展我們的職業。科琳還有另一項優點：她簡直就是我的吉米尼蟋蟀。她懂得如何給我建議、說服我，更重要的是，她會評估我個人的發展，以便我能自我控制在不會失控的程度。希望我們能繼續長期合作，一起努力打下新的基礎，開發出新的道路！

她讓學生思考我每天遭遇到的問題，並撰寫摘要，讓我修正，我們一起評估。未來的餐廳領班應具備哪些能力？對於孩子、新科技、素食主義應具備什麼樣的敏感度？服務人員應侷限在傳統的角色，還是應該變得多功能？可以思考的範圍變得越來越廣。

說話之道

說話之道是我們和科琳・哈克曼德與她二〇一一年的班級在第八屆全國年度競賽中討論和展望的主題。她以教師的角度，而我以專業人士的角度出發，我們都有同樣的觀點：在餐廳裡，服務人員的話越少越好……不要再說制式用話和萬用語，應禁止說「小」配菜或「小」沙拉，不要用「就這樣」來結束句子。在任何情況下，顧客都會表明他們想聽到的話。因此我們建議，除非顧客想聽，否則不要說著名的「請您享用餐點」……因為這句話往往帶有「批准」顧客開始品嚐菜肴的意味。可以改說「祝您用餐愉快！」，或是「祝你胃口大開！」。

顧客治療

二〇一三年六月，西莉亞通知我將收到她的律師信。她已經開始進行離婚訴訟。她有時會問我：「你和我們在一起快樂嗎？」我回答不會不開心，我沒有勇氣面對分離。就像這七年來的每個夏天，我都會安排一家人在科西嘉島的假期。這時我決定承擔責任，我對自己說：「不要取消。在孩子和家人眼中，家族比我們夫妻的事更重要。」我們五人一起度過最後的假期……就像以前一樣。無與倫比的雷吉．胡希耶是永遠的船長，他和他的船及漁餐廳一起在海灘上，雙腳泡在水中，我們改變了想法，一起度過這最後的冒險旅程。在獨自返回巴黎時，我的家人還在法國南部度假，我意識到這是好時機，終於當我說好時……也是最令人痛苦的。

我一早就離開了，帶著我的衣服和書：好幾本艾倫．杜卡斯的著作顯得如此沉重（他曾題詞「獻給西莉亞和丹尼」）。我留下家具，離開我過去的生活、我熟悉的地方和我的窩、家庭、公寓……同時希望不要移動任何的東西，讓我的孩子盡可能不要察覺到我的離開。我不想讓他們感受到任何的改變，不希望他們像我一樣承受父母親為生活帶來的痛苦。我想保護他們。我只有一個目標：讓我的三個孩子在我離開後不會覺得「少」了什麼。讓我來承擔所有的後果。

我找到一間地理位置絕佳，靠近聖克盧門的小公寓。我極為善解人意的房東米歇爾．赫茨伯格給我兩個月的房租繳交期限。而在二〇一三年這年的夏天結束時，我宣告離婚。我的財務狀況明顯惡化。我車留在以前的家，但銀行拒絕讓我貸款買二手車。為了不要自我消沉，我仰賴從朋友和顧客身上收集而來的三至四個箴言中得到安慰。我有時認為最能理解自己的唯一方法，就是向我的每位顧客和員工要一點線索。對他們來說，我每天都是毫無保留地全心投入。我們的談話可以持續幾個小時，他們會向我傾訴生活的煩惱，如果他們覺得可以信賴我，也能跟我吐露心事……我最忠實的顧客之一甚至會在我們的陪同下外出：多麼親密的時刻，多麼令人感動的分享！在我歷經離婚的考驗時，就像是回報一樣，顧客成了我治療的良方。我們的離婚，即使進行的方式足以做為別人的榜樣，依舊是重大的考驗。史蒂芬（Stéphane E.）對我說：「你知道的，成功進入婚姻和離婚時的成功離開都同等重要。」實際上，這一切未必是悲慘的，就像讀完一本書，這仍是段美麗的故事。

恰到好處的服務

想像你是莫里斯的年輕甜點主廚賽堤克．葛雷（Cédric Grolet）：還不到三十歲，大眾還不認識你的名字，但在幾年內，你將會取得世界最佳甜點師的頭銜。但在成名之前，你和令人肅然起敬的艾倫．杜卡斯在「水族箱」或者說「廣口瓶」（莫里斯飯店的地下祕密餐桌，自然光透不進去）有一場約會。在與賓客隔絕的玻璃視窗另一頭，從單向鏡可看到廚房裡的動盪不安，白色的廚師帽和圍裙在霓虹燈下忙碌著。

賽堤克．葛雷不像那種充滿男子氣概接受挑戰的戰士，比較像是體貼的小男孩。這天，他就像幕後的造型師、工作室裡的藝術家一樣，準備展示他的糕點。他的第一道糕點：潔白無瑕的木柴蛋糕擺在餐桌上。艾倫．杜卡斯檢視著他端上的糕點。賽堤克．葛雷開始介紹：「當我在森林裡散步時，我喜歡撿拾細小的雲杉樹枝並啃咬……」這個意象形成了這道酥脆且微酸的酥餅蛋糕，並鋪上薄薄一層的白巧克力做為白雪。結晶糖球內含青檸乳霜內餡，並搭配黃檸檬皮果醬。慕斯雪松為木柴蛋糕帶來活力和清爽的氣息。艾倫．杜卡斯最早開口評論，接著輪到經常做為先發部隊，在新計畫一開始就被派出確認現況的廚師布魯諾．凱奧尼品嚐。接下來是克里斯托夫．聖塔涅，再來是丹尼．庫蒂雅德。

我們在莫里斯的廚房裡做什麼？這時是二〇一三年九月。主廚雅尼克．亞蘭諾已在一月底離開了由魅力四射的弗蘭卡・霍特曼（Franka Holtmann）管理的莫里斯飯店。少了他這名核心人物，這間美食餐廳也只能勉強維持著。在此期間，雅典娜廣場也因施工而關上大門。這為期十一個月的工程為了將中央廣場擴大，打算將三棟新建築連結起來：海瑞溫斯頓珠寶店、一棟通往克雷蒙馬羅路的八層樓建築，以及驛站廣場上方的另一棟建築。艾倫・杜卡斯建議方索瓦・德拉耶將雅典娜廣場的餐廳搬到同屬多徹斯特精選飯店產業的莫里斯飯店來填補這段空白時光。我們本質派的烹飪理念、我們的團隊、我們的餐桌藝術、文具和服務……我們將完整地和里沃利街的團隊暫時合併。我遇見了費德烈克・魯昂，即我在龐加萊五十九號的餐廳領班，後來我還將他帶到雅典娜廣場。在朱爾・凡爾納（Jules Verne）餐廳工作後，費德烈克和米歇爾・羅斯一起來到麗思飯店；我後來為他引介了雅尼克・亞蘭諾。他沒有預料到會再見到他過去在莫里斯的主廚艾倫・杜卡斯。

那天在水族箱的房間裡，我目睹了火、糖和冰的洗禮，杜卡斯嚴厲至極的態度讓我無法進行任何的干預。但我超敏感的內在小孩還是對這樣的情況產生了強烈的感受。賽堤克・葛雷一轉身就遭受到強烈的批評。艾倫・杜卡斯的措辭不再委婉，直接從近乎完美的作品中挑出那百分之一的缺陷。他忠於自己的性格：打破常規、破除傳統，並盡可能減少不確定的因素。

當我們這位年輕人再度現身時，他拿著一塊柑橘國王烘餅。賽堤克向大家說明這道甜點的靈感來自飯店的商務人員，因為他點了杏仁卡士達奶油醬配方以外的國王烘餅。艾倫・杜卡斯非常吃驚：

「你怎麼會讓商務人員左右你的決定？你是主廚，決定的人是你。」賽堤克．葛雷禮貌地傾聽著。杜卡斯接著說：「而且在視覺上，如果你要供應柑橘烘餅，那它的外觀必須要出眾！你不能保留傳統烘餅的外型！」賽堤克個別的糕點仍在一一接受校閱，批評排山倒海而來；艾倫．杜卡斯始終要求要更精準、更俐落、更明確。我等到緊繃的時刻結束，將賽堤克．葛雷拉到一旁，想為他提供一些安慰。但他在天真男孩的外表下卻很堅強，他並沒有不知所措。我說：「你可以多接近克里斯托夫．聖塔涅，他會幫助你成長！」我不知道我這樣的建議為事情的發展帶來多大的影響。無論如何，賽堤克和克里斯托夫成了出色的夥伴。克里斯托夫著重日常生活，賽堤克則精進他的技藝，今日他的名聲已遍及全世界。始終是莫里斯飯店甜點主廚的他在卡斯蒂尼奧那路開了他的實驗商店。路人可以欣賞甜點師的工作，並將聖多諾黑泡芙塔、以錯視手法製作的水果蛋糕或魔術方塊等甜點帶回家。這種品嚐方式所帶來的影響也象徵著他職業生涯中的重大里程碑，而他如今已被視為當下甜點界的代表性人物。多麼動人的故事！有時拳擊的擊打也會讓人重新站起來並更猛烈地攻擊。

我繼續在莫里斯團隊旁執行超級教練的任務，我在極短的時間內撥亂反正，這個團隊依據另一個時代的規則運作。一句話就足以讓我擺脫這些舊習，一句話就能為要發揮的新理念提供解答。我說：「費德烈克、艾絲黛兒，還有其他的所有人，顧客來莫里斯這裡吃飯，出去時會跟你們說『我受到良好款待』或是『我沒有得到很好的服務』。就是這樣。」我強調：「他不會說查理亨利在供應麵包時做得很好、朱利安在供應水時做得很好、巴普堤斯特在供應咖啡時做得很好。我想表達的是，我們在服務顧客時始終都是一體的。當然，我們有侍酒師、餐廳領班、分區主管、各種出色的專家，但如果有餐桌需要清理，請各位餐廳領班先生就去清理，不要等分區主管動手！如果杯子裡沒有水了，不管是餐廳領班還是分區主管要來倒水，甚至是酒，都可以。不要等侍酒師來。請提供服務，優良的服務，恰到好處的服務！」我的任務在幾個月內完成：艾倫・杜卡斯和他的首席指揮官克里斯托夫・聖塔涅管理的莫里斯飯店獲頒米其林三星。餐廳從早到晚都高朋滿座，生意興隆。是時候向我的服務夥伴費德烈克・魯昂打聲招呼並離開了。

施工期間，雅典娜廣場的所有員工都獲得了技術性休假。因為離婚，還有我看來永無止盡的這十一個月失業期間，經濟變得不再寬裕。我焦急地等著飯店重新開幕。光是焦急還不足以形容。除了購物能力下降以外，顧客也從我的日常生活中消失。沒有他們，我變得不再重要。我無法再提供服務。「非自願的」無所事事比自願的更令人難受，我明白我的職業為我的存在賦予多大的意義。在我眼中，職業上的成就即代表著社會上的成就。我團隊裡的年輕人認為他們必須先以個人、社會的身分存在，其次才是工作和賺錢。我的想法則正好相反，是工作讓我找到自己的定位。

4．自然派
我的聖母峰

4.
Naturalité, mon Everest

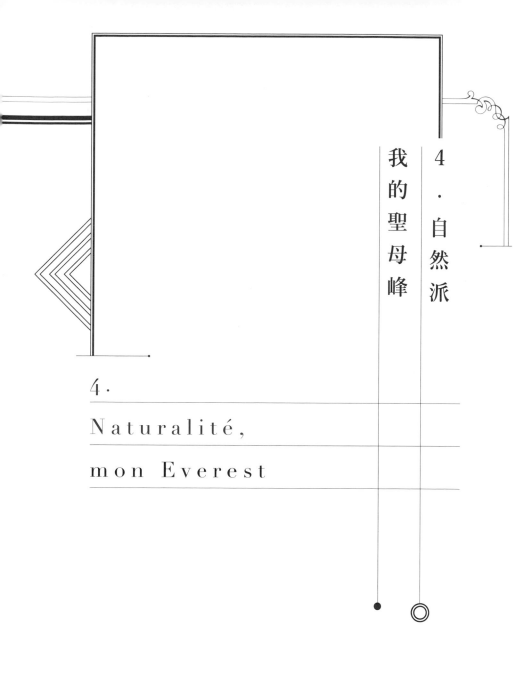

玻璃杯與餐盤

當我們不知道顧客要吃什麼時，我們應該將餐具留在餐桌上嗎？我們不可能預先知道會服務誰，顧客會點酒、水，還是香檳，那為何會擺三個酒杯？這沿襲自傳統餐桌藝術的例行公事、機械性行為有何意義？是否有其他的思考方式？不具人格的餐巾在餐桌上積灰塵，如果在顧客就座時才提供餐巾，讓這塊布料成為他整個用餐期間的專屬餐巾不是比較聰明嗎？要如何讓我們的定位更加精練，讓裝潢、餐桌藝術、制服、圖形章程更現代化，同時又不會喪失我們的指標性？我們要述說什麼樣的新故事？

艾倫．杜卡斯歸納大家的意見後表示：「我們能夠保留什麼？丹尼，你有什麼提議？」

「主廚，餐廳裡或許有些象徵性的元素是我們必須保留的。例如菜單。」

我們菜單的呈現方式是將一張印有當天日期的卡片擺在餐桌的銅架上，上面還有我們的簽名。菜單的呈現方式在多年來不斷進化，而總是對員工意見抱持開放態度的艾倫．杜卡斯對我的意見表示贊同。我們四人圍坐餐桌，除了杜卡斯以外的三人是羅曼．麥德（接替克里斯托夫．聖塔涅掌廚）、皮耶．塔尚（平面設計師），還有我。

艾倫．杜卡斯繼續說：「那展示的餐盤呢？我們要保留嗎？」

他堅決主張我們過去的定位已轉移至莫里斯。我們應該要做點不一樣的事。

他概括地說：「應該要讓人看見！」

我上前發表意見：

「主廚，我個人認為餐盤應留在餐桌上。我很重視這接待的象徵，玻璃杯也是一樣，餐盤和玻璃杯可表達出某些意象：『我們在等人。我們期待您的到來，而且將會有一些事情發生。』」

「同意……」

「我認為餐桌上什麼也不放的話，有點過頭了。」

「你有什麼提議？」

我一邊思索著是否有什麼好主意，一邊回答：「我不知道。或許我們可以重新推敲玻璃杯的事？」

你發現了嗎？我正在形成自己的想法。隨著會議的進行，我們仍在持續思考。未來的餐廳圍繞著同一目標而逐漸成形：如何突顯我們的與眾不同？如何在合理、具有意義，且能確實執行的前提下提出新的角度、構思出新的故事？皮耶．塔尚大膽地提出看法：「我們可以想像為無腳杯加上腳。」幾天後，他交出了一些設計圖，其中保留了專為雅典娜廣場重新開幕所設計的新水杯：無比美麗精緻的 Lobmeyr 水晶杯。這樣的選擇並非巧合。艾倫．杜卡斯是第一個於一九九六年在湯匙餐廳讓無腳杯顯得尊貴的人，他將普通的水杯提升至有腳杯的等級。

那餐盤呢？它的命運又會如何？在雅典娜廣場關閉前的一段時間，我們的盤子有圓形的凸起裝飾，就像高掛在餐廳圓柱上的裝飾帽。想像一個三十三轉的唱片以白色的陶瓷製成，中間有個兩歐元硬幣大小的洞，從中央朝外有個凹槽。簡言之，就是一個中央有洞的白色圓盤，會像開瓶器一樣扭轉。艾倫．杜卡斯在他艾菲爾鐵塔的餐廳裡將物品和餐具加入和這個地方相關的個性化圖案：在倒置的餐盤底部加上了十字格紋，向巴黎鐵塔這名老太太的結構花紋致敬，並用來迎接顧客。我們要如何讓新的餐盤變得更有趣、更現代？皮耶．塔尚於是構思了新的餐桌擺飾。他發明了一種類似雕塑的餐盤，並依貝殼的概念重新繪製。大多數顧客會看到的應該是象徵無限循環的莫比烏斯環。無論如何，我們針對這個有趣的主題展開了討論，氣氛變得放鬆，有些人覺得好玩，將手指從獨特的一面伸入至另一端……這是成功的賭注！

連鹽和胡椒也成了討論的主題。譬如說，太早放胡椒實際上會讓料理變得乾澀。為了盡可能保留最多的香氣，我們偏好在顧客面前用大理石研磨缽將胡椒粒磨碎。

我們的制服也改了。艾倫．杜卡斯並不是想一直增加員工量身訂做的商務服裝，讓員工有時穿得比顧客更華麗，而是認為制服應該更符合這一詞的原意：為了向一九五〇年代的郵輪致敬，我們的服務員會穿上有立領的米色西裝，我的助理們穿著同顏色的短版西裝，而團隊的女性們則像空中小姐一樣在頸部繫著一條絲巾……訊息很簡單：讓我們帶你們去旅行。

最後，要如何處理桌布這幾乎不變的餐桌規則：要維持，還是要打破？在莫里斯飯店，兩層的絨毛桌布給人彷彿將手肘墊在柔軟床墊上的感覺。我們決定徹底改變。桌布的時代告終。在兩百歲的橡木桌上，只有接待的兩大象徵：玻璃杯和餐盤在等待著顧客，不要任何花招，而木板下方則覆蓋著皮革護套。就是木材、皮革。歡迎來到自然派！

我們的業績在派翠克・喬因的新裝潢下大幅成長，而這已是我們合作的第三間餐廳，在我眼中若不是法國最美，至少也是巴黎最美的餐廳。數千顆施華洛世奇水晶在裝飾藝術的天花板下閃耀。派翠克讓餐廳朝四面八方發展；在他最初的計畫中，他想像在帳篷式餐桌上方有高高的小屋，顧客要透過小梯子到達小屋，或是突出於花園中庭的彩繪玻璃窗……就像艾倫・杜卡斯想打破的規則一樣，最終版本拆除了壁爐左右兩側的支撐牆，以打造兩扇巨大的門，從背後的外觀看起來就像是歐洲收藏家擺放收藏品的珍奇櫥。餐飲服務團隊小心翼翼地使用這珍奇櫥的一側，倒蜂蜜或切乳酪，而另一側則變成阿里巴巴的洞穴，展示各種法式生活工藝品、銅器、Christofle 品牌的餐具、Saint-Louis 品牌的水晶……。

在這些珍品中有個盒子，裡面整套的巴卡拉水晶玻璃杯與玻璃瓶在熠熠發光，Harcourt 品牌的原型水晶杯則是一八四一年創立的代表性系列。艾倫・杜卡斯就這樣將他的收藏品擺在那裡：原封不動。手寫發票、整套餐具、包裝，甚至是稻草……在二手商店便已蒙上灰塵的盒子。他在安置珍奇櫃時決定：「讓我們保持原狀！」

艾倫．杜卡斯喜歡蒐羅、撫摸、尋找稀有食材。在廚房用具和儲備品室展出的那天，他在對大多數人來說無關緊要的細節中展現他對美的熱愛，這點至今仍令我感到驚訝。在雅典娜廣場那層樓的某間雙人房裡，採購經理奧利維爾．蓋諾讓人送來全世界供應商提供的上千種形形色色的樣品。我和羅曼．麥德一起進去。經共同協議下，我們確認了二十幾件物品是我們認為顯然沒有用或太複雜的：這個迷你燉鍋、這個不切實際的刷子、這個山葵磨板……都收到壁櫥裡！是什麼樣的廚師會如此瘋狂，要用到這些用具工作？

艾倫．杜卡斯在半小時後抵達，想要到探索、操作、衡量這些他耐心收集而來的物品能帶來什麼幫助，他就展露出像孩子般愉悅的神情。出乎意料的是，他打開了我們用來藏廢品的壁櫥。他驚呼：「為什麼會在這裡？這很棒耶！我想要這個。那個也是！」他怎麼會記得少了這些微不足道的元素呢？而這正是他的力量所在。我們的腦袋很實際，但艾倫．杜卡斯卻是懷抱著藝術家的觀點，他總是想得比我們更深更遠。他說：「羅曼，我們可以用這個燉鍋煮沙丁魚，不是嗎？」沒錯，新的雅典娜廣場餐廳將會供應沙丁魚。他腦袋中的一切藍圖都很清晰，我們將以蔬菜、魚、穀物和植物種子為主角，較少的糖、較少的油、較少的動物性蛋白質，肉會從菜單上消失，尊重季節和環保意識成為我們的優先考量。

總結：這是二〇一四年巴黎一間沒有肉、沒有桌布、沒有餐具也沒有餐巾的美食餐廳……這對餐飲服務和廚房團隊來說都是多大的挑戰！我們將必須不惜一切代價地捍衛這前衛的觀點。我將以登山者準備攻克聖母峰的決心來克服這次的任務。我動員我的團隊：「羅曼、潔西卡、洛朗、艾梅里克、奈里、馬西姆、麗塔，以及其他的所有人，我們要一起出發，一起登上山頂！」

甜瓜龍蝦

那時是巴黎的夏季，法國隊將在世足賽的四分之一決賽對抗德國隊。我還記得那天的日期是二〇一四年七月五日，因為羅曼・麥德讓我無法參與這盛大的活動，不過他推薦我去參加另一項同樣令人開心的活動。我受邀至租來的私人廚房場地，品嚐他經過不斷地練習和實驗並加以改良的創新作品。多麼令人驕傲和感激的重大時刻！

羅曼讓我在有林蔭的露台就座，這天下午我品嚐到的（除了法國隊以一比〇輸給德國隊的苦澀外）令我驚豔不已，我立刻感覺會有不尋常的事發生。羅曼和他的副手伊曼紐・皮隆創作了一道前菜，而這道菜後來也成為我們新的招牌菜：勒皮綠扁豆（des lentilles vertes du Puy，我們暱稱為「窮人的魚子醬」）搭配所謂的「富人的魚子醬」。在這半植物性、半碘味的基底食材周圍是細緻的煙燻鰻魚凍，一旁擺放著顏色極深且味道強烈的熱蕎麥烘餅，抹上質地和味道都同樣濃厚的諾曼第鮮奶油，並以壓縮魚子醬提味。我試著以書寫的方式盡可能中肯地評論我品嚐時的感受。我咀嚼、吞咽，然後思考。我們兩人都知道我將會是他料理的大使和傳訊者。此外，為了確保我（還）沒有跟不上潮流，我經常主動探索剛開張的大餐廳。我想了解我吃的東西、我供應的東西，了解最先進的美食知識。對菜肴的品嚐與理解也是我的技能之一。

羅曼為我帶來了烤狼鱸佐黃瓜和海參（又名：海黃瓜），又在玩弄海陸之間的鏡像遊戲。用深受亞洲國家喜愛的海洋生物：海參搭配大蒜醬。在另一道製品中，我發現了用在來米粉炸的海葵，這也不常見。更別提植物種子和穀物、大麻、藜麥、蕎麥、斯佩耳特小麥（épeautre）的處理方式……接著是甜瓜龍蝦、牧草優格赤鯛，總共二十五道菜，他的創意令我驚豔不已。羅曼．麥德將艾倫．杜卡斯的提議化為現實並加以呈現。這名謹慎、專注的廚師，退回到自己的世界裡，他思考了很多。曾在卡達、模里西斯島為艾倫．杜卡斯效力的羅曼有豐富的旅遊經驗，而且因為杜卡斯希望他在開幕前充實知識，促使他進行更大量的旅行。他曾在雅典娜廣場的花園中庭，即飯店中央的庭院工作了一個季節。但他不知道我們在雅典娜廣場的負債，因此他是從零開始。在我看來，他仍在醞釀中的料理就像是一種承諾。我從座位上起身，肚子飽脹，但卻很開心。我親了新主廚的臉：「羅曼，太棒了，我們會一起做出一番成績的！」他向我致謝。我相信他在工作上對我抱持著極大的敬意，甚至是到了會令我尷尬的程度。

所幸在歷經過本質派的考驗後，我認為我已準備好接受自然派。若不是有過和克里斯托夫．聖塔涅合作的經驗，我可能會和羅曼．麥德一起陷入茫然。如今我明白，抗拒改變是沒有幫助的。相反地，我不再害怕打破規則。我們無須畏懼革新，比起在事後受到影響，主動挑起改變或伴隨改變往往更有趣。而且我覺得改變慣例和摧毀信仰是很刺激的，不是陷入改變的曲線，而是去適應並主宰自己的故事。艾倫．杜卡斯說的很有道理，習慣永遠都是壞習慣。我的脈輪越來越朝自然派開啟，所有的訊號都是綠燈。我們將奮力一搏，我已經等不及了。

那年舉辦了第二十一屆聯合國氣候變化綱要公約締約國大會（COP21）。艾倫．杜卡斯身邊圍繞著像大衛．哈亞特（David Khayat）這類促使他關注環保議題的人。即使我們已有既定的慣例，也還是要懂得改變模式。於是，我們更改路線，我們發出挑戰，我們沒有在開玩笑。在這不妥協的料理邏輯之下，導演楊．亞祖貝彤（Yann Arthus-Bertrand）的員工前來協助我們的團隊提高環保意識，尤其是關於永續漁業。我也因此得知非洲海岸有一種卑劣的做法。錨定在遠離海岸處的無機械動力漁船上，漁民成了奴隸，被剝奪了上岸的自由。我專注地聆聽這些關於無知的過度捕撈、電魚、刮海床、以肉骨粉養魚的養殖場、等魚不再逃跑就和野生魚混在一起販售等嚇人的敘述，而且連野生的魚肉中都聚集了許多會使我們荷爾蒙失常的塑膠微粒。我也在筆記本上記下了魚的季節，例如在二月至三月底我們便不再捕撈狼鱸，因為牠們已進入繁殖的階段。一旦我們的供應商之一吉爾．杰戈宣布季節結束，該食材就會從我們的菜單中消失。我們會比過去更注重季節性，盛產野莓的冬季已經結束，我們便不再延續舊慣例訂購非當季食材，並跳過用金箔裝飾甜點的步驟。

檯面下的韃靼生牛肉

在我們的心血結晶誕生那天，那是我職業生涯中的重大時刻，我深吸一口氣，對我整個團隊說：「離開吧，讓我一個人靜一靜。」我需要像這樣一個人安靜地獨處。我花了兩小時的時間取下三十或四十公斤的銀餐罩、椅子和餐桌，清理出主要動線，以疏通餐桌之間的通道，取得流動性和和諧度，有必要的話也要遠離派翠克．喬因的畫。忙亂中，方索瓦．德拉耶突然出現在我面前。他和飯店經理勞倫斯．布洛赫以及餐飲總監米榭先生一起出現。我想他們非常驚訝，而驚訝一詞還不足以形容他們的反應。他們資助了一個他們還在努力理解其概念的計畫，他們的著眼點與我不同，每個人都有自己的意見。

經理驚呼：「千萬不要把那個從牆上移走！設計師已經畫好了平面圖，什麼都不要動！」

我就這樣身處於前線。

我反駁：「德拉耶先生，這是我的餐廳！我知道怎麼樣才能為顧客提供更好的服務！」

「真的沒有桌布嗎？」仍感到擔憂的他朝木桌投以懷疑的眼神。

「德拉耶先生，我可以坦率地跟你說嗎？就交給我吧，我就只有這麼一個要求。」

他們離開了，我繼續我的工作。在我終於找到每排座位之間的平衡時，我的身體也站不起來了。

輕微的動作就讓我痛到無法動彈，腰痛！醫師開了證明要我停止工作，強迫我休息。後來經過幾次的體療，我們展開了最初的實驗性服務。我很堅持地對艾倫・杜卡斯說：「主廚，您可能會覺得這很奇怪，但我想讓餐飲服務團隊進行首次的服務……為自己服務。助理、分區主管、餐廳領班，我希望我們能為自己服務，感受一下自己的服務。」他同意了。這天，我們互相服務，我們既是服務人員，也是顧客。一開始，木頭餐桌引發了我的一些疑慮，但在用餐結束前這樣的疑慮便消失了。接著我們和管理人員、朋友及記者一起舉辦了非正式的開幕式，我們已做好了開幕的一切準備。

在期待已久的那一天，我們最好的顧客，其中有些顧客甚至每兩周就會光顧我們過去的餐廳，也跨進了我們新聖殿的門檻，但他們什麼也認不出來。用餐區和菜單都變得截然不同，不再有桌布、肉，就是單純的料理。皇家野兔、松露酥烤餡餅、家禽佐阿布費拉醬（Albufera）去哪裡了？大多數法國人排斥養生、素食或純素料理。他們偏好燉菜、醬汁、白醬燉小牛肉、勃艮第炸肉火鍋、紅酒燉雞……以及星期天烤雞。除了法式嫩煎魚排以外，法國美食中代表性的魚料理是什麼？我們供應的不是這些他們依戀的避風港，而是不帶絲毫貴族氣息的產品，例如永續漁業的魚：鯖魚、沙丁魚、無鬚鱈（colinot）、黃鱈（lieu jaune）、赤鯛、江鱈……我們略為震驚的顧客試著讀懂這截然不同的菜單。我也還在問自己各式各樣的問題：

我對羅曼說：「如果我們在菜單上保留一道肉呢？完全沒有肉，這還是很激進，我們會很容易受到攻擊。」

而他則沒有絲毫的懷疑。
他反駁：「一旦在菜單上保留了肉，就永遠也無法拿掉了！」
他說的有道理，這樣不如完全不要。
艾倫・杜卡斯肯定地對我說：「如果他們不愛我們的魚餐廳，就將他們送到莫里斯吧。」
送到莫里斯？當然不要！我寧可努力讓不滿意的顧客回頭！這次輪到我指揮了。
「主廚，一旦放棄，我們就輸了。如果我將顧客送到莫里斯，我就輸了這場戰役。」
某種程度而言，我們確實是在打仗，不然至少也是一場革命。從第一天開始，我們就不斷遭受顧客的抨擊，尤其是法國顧客、男性顧客、巴黎顧客、一些較傳統的顧客。其中一人驚訝地說：「這裡沒有桌布嗎？」另一人說：「噢，你們這邊是酒吧嗎？」我站在聖母峰頂端，施展出我這幾十年來積累的所有本領。我一察覺到有客人想離開，我就會介入。「您好，我叫丹尼，我是您的餐廳領班。您知道這間餐廳的歷史嗎？」然後我開始敘述我們自龐加萊五十九號開始的故事。「好好享受您的體驗！用餐結束後見。請信任您的餐廳領班！」某桌的客人以防衛性姿態反駁：「我們在皇家蒙索飯店（Royal Monceau）就是選擇信任餐廳領班，結果我們非常失望。」我並沒有因此動搖，我繼續我的收復工作。「但這裡是雅典娜廣場，我的任務就是盡可能為你們帶來美好的夜晚，敬請期待。」
經過一次次的服務，我們的狀況終於有所改善。

心胸較開放的國際顧客反應較良好，女性顧客和餐廳業者也喜歡自然派。而為了安撫堅決要吃肉的顧客，艾倫·杜卡斯允許我用含蓄的方式閃避。我問：「主廚，如果有顧客向我點肉，我該怎麼做？」他的回答令我目瞪口呆。他斷然地說：「你就做好你的工作，我會敘述我的故事，你就做好自己的工作就行了！」我從第一個禮拜便開始探索他留給我的這份自由，那時有位顧客向我說明，他的老闆是位百萬富翁，在全球的多個國家開設賭場，但卻無法從我們的菜單中得到幸福。他所述的這名男人已經八十歲，正在飲用添加大量甜味劑的冰茶。可能是年紀、大肚子和垃圾食品帶來的沉重，他懶洋洋地攤坐在椅子上。德拉耶先生跟我提過他，注意：大魚來了（沒有不好的暗示）。他將自然派的菜單遞還給我：「我完全不懂你們的菜單！」因此我開始特別小心地解說我們的菜肴，此時這名仍不太能接受的美國人突然起身，他說：「我想吃韃靼牛肉！」另一名顧客放聲大笑，彷彿在說：「想辦法處理這樣的挑戰吧。」韃靼牛肉，但我們正在推廣自然派的概念！但如果拒絕，我就死定了，這肯定會是災難一場。於是我消失在廚房裡，從後台溜到飯店的酒吧：驛站廣場。我對廚師菲利普·馬克說：「幫我做一份韃靼牛肉！我要從後門走。」沒人知道這件事，我就像盜獵者般，偷偷將韃靼牛肉擺在漂亮的「美食餐廳」餐具裡帶回。我溜到飯店後台。突然間，一個熟悉的身影出現在走廊的轉角處……方索瓦·德拉耶。他正在帶人參觀現場，並讚揚自然派的優點，即我們的無肉料理，此時他的眼光落在了我的韃靼牛肉上。他說：「噢！」我回答：「噢！」他的視線停在我盤子裡的生肉上。即使是喜劇大師路易德·菲耐斯都沒演出過如此精彩的戲碼。「發生什麼事？」我一邊為自己開路，一邊說：「德拉耶先生，我沒時間跟您解釋！」在我眼中，讓這名美國顧客滿意象徵著：有些事是我們應該做的，而有些事是我們不得不做的……我有時會為獨自前來的顧客提供菜單以外的套餐，用來搭配他預先選擇的五千歐元頂級勃艮第紅酒。他請我為他規劃菜肴的搭配，結果我選擇了特色強烈的鳥類，讓他可以盡情享受盛宴。當晚後來，我們的員工成了他的座上賓。這天晚上，我們私下的溫情陪伴一直持續至凌晨兩點。

重新開幕一個月後，艾倫·杜卡斯將我叫到他的辦公室裡和羅曼·麥德一起開會。

他說：「說吧，丹尼，顧客對菜單上的每道菜有什麼樣的感覺。」

兩名廚師聽我敘說他們每天如前衛藝術家般設計並打造的配方。為了調整，他們需要透過餐廳領班的眼睛和敘述來重新感受他們的作品，餐廳領班就是他們試圖接觸大眾的媒介，我也是顧客的傳訊者。因此，我開始詳盡說明所有的分歧點。

我說：「主廚，海鱸你們是用烤的。你們只是稍微烤過，甚至是接近生魚片的質地，我了解你們想傳達的訊息。我品嚐過這道菜，非常有意思。但你們要了解，這並不適合普羅大眾。」

艾倫·杜卡斯轉頭看羅曼·麥德，要他採納我的建議。我繼續接著說：

「還有，主廚，快煎至略帶珠光的干貝，我知道這是為了要保留它們極細緻的味道。但在視覺上偏白，就顏色來說不是很能引發人的食慾。或許稍微煎至形成焦糖也不錯？」

他聽著，始終專注地聽我說。我繼續說著，汗流得越來越多：「還有鰈魚，牠很厚，大概重一公斤……一公斤又五百克，並不是會讓人入口即化的法式嫩煎魚排，主廚。這種魚又厚又硬，我認為需要提供牛排刀，讓顧客知道牠的厚度不同於一般的魚。」

他們一一記下我的評論後，我精疲力竭地離開辦公室。我知道仍需更努力才能推廣我們的主張，於是，我回到餐飲服務的崗位上，支持章魚、龍蝦相當於肉的概念。我們將超越水煮魚的範圍，羅曼・麥德以處理陸上食材的方式處理海鮮食材，即使無肉一樣也可以大飽口福。儘管如此，為了消除顧客的不滿，我們仍保留檯面下的食肉選擇，只是我們並不鼓勵。

成雙成對的米其林視察員

過了一段時間，艾倫．杜卡斯和一名顧客在廚房用餐，後者叫住我：「丹尼，跟我們介紹一下自然派。」我很樂意地照辦，接著我藉機講了自我恭維的題外話，我說：「你們知道的，這間餐廳非常幸運。當然，除了有艾倫．杜卡斯以外，他的餐飲服務團隊也全力支持自然派。」隨著時間的過去，每個人都同意這項事實。狂妄的排場、名廚艾倫．杜卡斯的國際聲譽，以及菜單上極高的價格，這樣的賭注顯然很巨大。而我們餐飲服務團隊也以極度的慷慨、為每桌顧客量身打造的服務來回應。我們在刨松露時很慷慨，顧客付出的金錢應獲得等值的服務。我認為這已經不再是一間一般定義下的餐廳了，這已經昇華到另一種境界了，但若沒有我團隊忠心的支持，這「另一種境界」很可能會變成商業上的失敗。

不得不承認的是，我們起步維艱，但我們努力讓餐廳的中午和晚上都座無虛席。增添的裝飾素材壓縮了用餐區的配置，我們餐桌之間的空間小於莫里斯，桌數也較少，而且缺乏彈性，無法臨時安排多人同坐。沒有桌布，我們要如何快速併桌？沒有肉，我們無法再販售頂級紅酒。我們一直達不到目標業績，不像莫里斯在聖塔涅和我們過去努力的基礎下表現亮眼，自然派是冒險的創舉……而且我們只有米其林二星。但每個人都堅持了下來。

自從蘭伯頓先生在一九八二年臨時造訪我父母的餐廳和騎士居飯店以來，我和米其林之間便不斷上演著漫長且曲折的故事，就像電影《大飯店》（Le Grand Restaurant）或《美食家》（L' Aile ou la cuisse）一樣，無可比擬的路易德．菲耐斯輪流飾演被視察者和視察員：貓和老鼠。在我整個職業生涯中都在玩這場遊戲，我辨識視察員的能力不斷在進化。過去的餐廳領班向我傳授他們的訣竅，他們對我說：「親愛的，視察員總是獨自前來，而且會在餐廳開門時準時出現。如果有二個人，第一個人和第二個人抵達的時間往往會相隔五分鐘。他們從來不會說出自己真正的名字。兩名視察員之間往往會有很大的年齡差距。結帳後，他們未必會在用餐結束時表明身分，除非那是重大視察日。」實際上有一段時間，米其林指南的評鑑員會完全準時地在餐廳開門時出現。我甚至喜歡觀察像這樣的間諜顧客何時會消失在廁所裡進行衛生檢查。

然而到了今日，這些規則已不復存在，時間改變了一切。視察員可能是女性或蓄鬍的年輕人，不戴領帶，穿著非常現代的服飾，有時甚至會身穿夏威夷襯衫。這些來自世界各地的視察員會進行非常公開的討論。我曾經很驚訝地接待一名法國人和三名日本人，他們都是視察員，都坐在同一桌……當他們在用餐期間到廁所時，可能是要偷偷開始書寫他們的報告，但他們如廁的理由也可能只是和一般顧客一樣而已。總之，沒有比米其林視察員更像米其林視察員的了。每次服務，我都會當做所有的顧客都是視察員，我總是會進行細微的調查。「查理」在哪裡？這著名的米其林視察員坐在哪裡？一般而言，我的直覺會幫我偵測出可疑的顧客。

在雅典娜廣場重新開幕的六個月後，有兩名男人立即讓我有這樣的懷疑。我溜進走道，一直來到最繁忙的廚房裡。

「羅曼，注意，八號桌感覺不太對勁。」

「你是怎麼發現的？」

「這是我的工作，我總是試著了解我的顧客是誰。而那一桌，要注意！」

在我認為的視察員來訪十五分鐘後，一對夫妻就座。我覺得他們很面熟。我吞了下口水，在幫顧客點菜後回到廚房。

「羅曼，有第二桌的米其林，十四號桌。」

「這不可能。」

「羅曼，聽我的，有兩桌的米其林。」

小小的題外話：自法國米其林的新主管朱莉安．卡斯帕被任命為歐洲米其林的負責人以來，當時還沒人認得她的臉。網路上還沒有流傳任何的照片。於是我派了一位餐廳領班塞巴斯蒂安．諾耶勒，將朱莉安．卡斯帕視為優先目標。我很客氣地威脅他：「如果你搞砸了，你會被我責怪很久！」

一名女性在一名德國先生的陪同下出現。我的員工支吾著說：「我覺得是她。」他繼續天真地說：「噢，真奇怪，八號桌的顧客叫她主席女士。」過了沒多久，他又試探地說：「我覺得他們在說德語。」我突然明白她的身分了。朱莉安．卡斯帕來自德國，不需要更多線索就能啟動紅色警戒！我對塞巴斯蒂安說：「你看，你找到了線索，但不要無時無刻一直說：就是她，那是朱莉安．卡斯帕！」而那確實是她。「好好看看她，將她的臉牢牢地保存在記憶裡，好嗎？」我個人從未忘記過她的臉。

在四名米其林視察員入侵我的餐廳半小時後，羅曼．麥德在廚房裡忙到焦頭爛額，我在雅典娜廣場的走廊上認出這名年輕的女性。我們和彼此打招呼，卡斯帕女士跟我說她正在驛站廣場吃午餐。我心想：「噢，好的，米其林指南正在做視察！」這群上流社會的人餐後在戈布蘭掛毯工廠集合，幾分鐘後便在我們的飯店和餐廳進行年度極盛大的視察。

這次我的直覺是正確的。沒錯，同一天在同一間飯店裡的同一個地方或不同地方有可能同時出現幾桌的視察員……唉，但我也不是百發百中。例如在米其林總監尚路克．納雷某次到我們雅典娜廣場餐廳享用午餐之後一段時間，他便打擊了我擅長認人的優點。他對我說：「您還記得我嗎，我兩個禮拜前有來過？」

「當然記得。」

「您讓四名比利時顧客坐在我對面那桌？」

「正是如此。」

「那您沒認出我的（比利時）佛萊明視察員……」

隨著他笑容的擴大，我的臉垮了下來，我不敵他勝利的笑容。

歡迎旅人顧客

過去的餐廳領班因為經驗豐富，更容易察覺這些不尋常的訪客就是米其林的視察員。我個人會從餐廳櫃檯就開始啟動這項技能。當然，我有時也會犯錯：某天我接待四名男孩，我覺得他們看起來像是在餐飲業工作的人，我大膽地供應額外的小菜，漸漸地，他們向我確認他們其實是……修復建築的工人！

較概略地說，為餐廳裡的顧客安排座位本身就是一項藝術。首先，我們準備迎接他們的到來。在我們接受電話訂位時，我們試著盡可能收集多一點的資訊，以了解以下隱含的問題：「為何您會選擇來我們餐廳？」因為我們可以依據顧客的回答來安排個人專屬的接待方式。如果我們知道原因，就可以更積極主動出擊。這可以包含生日蛋糕到餐桌的位置：最浪漫、最公開的求婚，或是相反地安排在可以上演難忘戲碼的隱祕餐桌，例如餐罩下的戒指和設計好的驚喜。我們會精心準備，有時對我們重視的活動還會搭配香檳。如果是商務餐，我們會預留在角落的僻靜座位，而且我會告知我的團隊，不要打擾顧客。通常他們會吃得很快：餐盤裡的內容不如隱私重要。如果有顧客跟我說，他已造訪了巴黎所有的三星餐廳，只差我們這間，而他想要體驗生活，那我們讓他如願以償，為他鋪設「紅毯」。

接著有我提過的「門檻效應」，即顧客來到餐廳門前的那一刻，這瞬間就會為我提供線索。甚至在他們開始說話之前，我就能看出他車子的種類和狀況、行為舉止和穿衣風格。如果顧客有炫耀的神情、戴著許多首飾，我會偏向將他們安排在餐廳的中央，讓他們成為目光的焦點。

我總是會將同一個國家的人分開，因為當我們在海外旅行時，我們不會想要遇到同鄉的旅客，這樣會破壞異國情調！經驗讓我一眼就能猜出顧客的國籍。俄國男性通常穿著皮夾克和黑色翻領、經典且優雅的一九五〇年代服裝，而且經常會有一位或多位的冰山美女作伴。

接待俄國顧客要注意什麼？

在接待外國客人，面對文化與傳統不同於我們的顧客時，我們的態度、行為、措辭是否能適時地調整、配合個人需求、親切且充滿感激？我們必須考慮「旅人顧客」的滿意度和可能的忠誠度才能為他們賣力服務。因此，我們要更留意我們服務的方式，以盡可能確保更多的回頭客回流。

時間：俄國顧客喜歡聚會，晚餐時間可能很長；他們享用午餐和晚餐的時間和法國人一樣。接待方式：對他們來說，殷勤有禮很重要，接待女性時需特別細心照料。不熟的人之間不太會擁抱（親臉頰打招呼）。「你好」、「請」和其他的「謝謝」並非必要。俄國人很迷信，不能和正在跨越門檻的人握手，也不能手掌朝外地為人倒酒。餐桌安排：禮物是尊重的象徵；在桌上擺放小小的伴手禮總是令人喜愛。用餐期間：非常好客的俄國人會隨時為客人提供茶、咖啡，甚至是伏特加。如果有女性一起用餐，最好向她們敬酒至少一次，通常會敬酒兩次。而一旦舉起了手臂，沒有將酒喝完是不能將杯子放下的！小小的額外提醒：他們喜歡在用餐時喝茶。

日本人非常恭敬，服飾之講究、說話的方式，都讓他們更貼近法國文化。反之，中國顧客經常穿著運動鞋和較都會的服裝。他們態度非常直接，音調高；可能會殺價。

接待日本顧客要注意什麼？

時間：恭敬和謹慎的日本人很少會花十五分鐘以上的時間吃午餐。他們總是會先訂位，而且非常準時。接待方式：在日本，直視某人的眼睛就相當於挑釁；肢體碰觸也不是好的選擇，因此不要握手，而是點頭致意，加上身體稍微鞠躬，不要和他們對視太久。他們非常依賴交換名片的儀式，即雙手將名片文字清晰可見的一面遞出，而對方為表尊重，必須小心地收好。無論如何，日本顧客都非常重視安靜。出於禮貌，他們很難直接拒絕別人的建議，而且會花很多的時間思考。請保持耐心！餐桌安排：所有的小玩意兒都很討喜。為了尊重他們的迷信，應避免將他們安排在四號或九號桌。如果為他們提供筷子（請擺在右邊，和刀具平行排列），不要插在碗裡或盤子裡。用餐期間：在日本，Sake 指的是各種酒精飲品。**kampaï**（乾杯）指的是敬酒（請注意，和法國人的碰杯隨意「**tchin-tchin**」意思完全不同！）。小小的額外提醒：要特別謹慎的是，千萬不要讓日本人丟臉，尤其是在眾人面前！

我還記得曾有一桌八名的中國顧客點了魚子醬海螯蝦做為前菜。餐廳領班明白他們想要額外的魚子醬，我們開了一大罐的魚子醬，加在海螯蝦上。顧客發現罐子裡的魚子醬還沒有用完，便要求我們將罐子擺在一旁，讓他們離開時可以帶走。而這樣的情形很少見，我們將價格列在發票上。用餐結束後，我帶來帳單。顧客用中文寫下一些東西，翻譯跟我說這太貴了，我回答：「是的，但你們取用了額外的魚子醬，魚子醬每克是十歐元。五百克的魚子醬很快就……」我低聲對可能不理解狀況的餐廳領班說話，讓他到廚房為顧客本來要帶走的罐子秤重，再從帳單中扣掉剩餘的魚子醬。但顧客還是繼續爭執，我保持淡定，其他桌的客人則是看好戲的心態。這名中國客人再度提高聲調，在我終於忍無可忍時，我抓過帳單，提供了百分之二十的折扣。這名顧客冷靜了下來。當我回頭繼續結帳時，他在這時秀出一疊五百歐元的鈔票。我上當了，我從這天得知中國人會殺價，隨時隨地，不管是可頌還是魚子醬，但要不要妥協取決於我。

接待中國顧客要注意什麼？

時間：中國顧客喜歡在較早的時間吃午餐和晚餐，而且通常吃得較快。接待方式：我們用來表現禮貌的方式在中國文化中較少見。餐桌安排：面對前門的中央位置是貴賓的主位。出於迷信，他們從不坐四號桌；八號桌是較好的安排。如果提供筷子，請擺在上方，與餐盤平行（而且千萬不要插著）。餐點：中國顧客很可能不喝開胃酒。他們不太會被甜點吸引，餐後也不喝咖啡，但很喜歡葡萄酒和法國酒。在剛開始用餐時，他們經常會要一杯熱水來幫助消化。他們也不太喜歡冷的前菜。用餐期間：他們特別在意自己的水杯是否是滿的。他們喜歡大聲敬酒，接著一飲而盡；他們會大聲地吃喝，以表示他們對餐點的喜愛。如果他們在盤子裡留下少許食物也不要驚訝，因為他們認為留下空盤對招待他們的主人來說是種侮辱。他們喜歡分享菜肴，對於陌生的食物會很想嚐嚐看，例如乳酪。請注意，中國顧客喜歡在結帳時殺價！小小的額外提醒：在應付中國顧客時，沉著是極大的優點，因此請圓滑一點，並展現出耐心！

極為熱情活潑的巴西顧客很喜歡我們的餐廳；美國人非常友善，是好顧客，很直接也很親切；我可以從他們一跨進雅典娜廣場餐廳的門開始就認出各種類型的顧客。我們要在餐廳裡進行安排，我會依據當下的感受來調整接待的節奏。外向的顧客要安排到餐廳的中央，因為他可能會想展現某些東西。而內斂的顧客要在角落吃飯，以免受到打擾。「這個座位適合您嗎？」我期待聽到肯定的回答。顧客覺得自己受到了重視，而我確認他之後不想再換位子後，這也簡化了整體的服務。我祝他有個愉快的夜晚後就向他道別了。

接待巴西顧客要注意什麼？

時間：巴西人享用午餐和晚餐的時間略晚於一般法國人。接待方式：社會地位扮演著重要角色；他們期待受到尊重和禮貌的對待。在說話時，他們傾向靠近他們的對話者並帶有肢體碰觸。許多人喜歡說法語，這是高等教育的象徵！餐桌安排：讓手提包（或錢包）碰到地面是非常嚴重的錯誤，這代表人會變窮；記得提供凳子或手提包的擱架（尤其是碰到女性顧客時）。餐點：午餐較晚餐清淡。魚、海鮮和水果在他們的烹飪習慣中非常常見。他們吃很甜，甜點也是。他們喜歡在用餐時喝啤酒。小小的額外提醒：巴西人也不會壓抑情緒，因此在服務時若遇到麻煩，他們可能會大聲且激烈地告訴你。

安排用餐座位的挑戰可概括為一個簡單的概念：打造一個美好的用餐環境。人就像各種不同的花，而我要組合出一個美麗的花束。我大多會依自己的直覺即興安排，和其他大多數餐廳不同，我的餐廳是從混亂中漸漸步上正軌。我也會試圖在顧客和工作人員之間建立和諧。如果顧客說的是義大利文，我就會安排馬西姆服務他，如果是德國人，我就會派德西雷等等，這些小細節可以讓人安心。我的員工必須保持清醒，不只是被動的服務而已，如果想在顧客大量流動的繁忙時刻減少不幸的狀況發生，還必須保持積極主動才行，團隊裡的所有人都必須關注顧客。晚上七點十五分的簡報會議會提供我們大量資訊，指令絕不是死的，因為變動的部分和某些特定的時刻讓我們總是不得不更新實用資訊，以便提供個人化的專屬服務。

接待美國顧客要注意什麼？

時間：儘管美國人跟法國人一樣，約在中午時分享用午餐，但他們享用晚餐的時間較早（晚上六點）。接待方式：他們非常直接，喜歡親切地和人交談，用「你」來稱呼，直接叫名字，但請注意，他們還是「顧客」！他們喜歡成為受人矚目的焦點，服務期間請格外專注，就會得到很好的回報。用名片來打造他們個人的專屬服務會非常受到歡迎。餐桌安排：他們習慣有空調的地方；在用餐一開始就先固定先上一杯水，並在用甜點之前供應咖啡。餐點：注意肉的熟度（例如法國的牛肉需要嚼勁，但美國的牛肉要入口即化）。汽水會搭配冰塊飲用。美國顧客經常會從菜單上選擇一道前菜和一道菜，甚至是只有一道菜，因為他們和親友在自家用餐時完全可以自行選擇要開始（開胃菜）和結束（甜點）的菜肴，而不像在餐廳這樣。可從他們選擇的菜肴來判斷，預防口味太重的情況發生。小小的額外提醒：請注意，「前菜」一詞未必是字面上的意思，它也可能指的是「主菜」！

在雅典娜廣場餐廳，我們每桌只會放一張價目表。訂位者應支付帳單，通常是男士。如果是以女士的名字訂位，我們會等她就座，確定她確實是「邀請方」，換句話說就是以她名字訂位的人，我們會將唯一的價目表給她。否則就是她身邊的男士。如果那是她的丈夫，他當然會接受，但如果是工作上的同事，或許是下屬，那我們就麻煩了。

當國王顧客變為暴君

光是宣稱顧客是國王還不夠，還要將國王般的禮遇化為現實。抬高顧客的身價讓服務人員總是可以做出好的決定，每個人都能安守本份。太多侍者不重視這樣的概念，有時還將自己放在與顧客同樣的高度。他們因而展現出優越感、自負、缺乏尊敬，然而我們應讓顧客感覺受到親切且熱情的招待，要讓他們感到賓至如歸，我們就是他們晚宴時刻的東道主。我們必須在內心深處真心地想要取悅身邊的人，讓他開心，有時甚至要以最隱密的方式為他慶生。

因此，我們是D先生聚會的主要客人。他是富有的黎巴嫩人，和他兒子一起住在飯店裡。由於他們不想一對一享用晚餐，於是向我們發出了一個有趣的邀請，這名父親眼睛發亮地對我說：「為了慶祝我的生日，我想和你及其他飯店的服務人員一起用餐！」我一開始僅以基本的禮貌回答：「D先生，這將是我的榮幸，但我不能在自己工作的餐廳用餐。這是不可能的。」他看起來很失望，堅持要我必須籌辦出他最好的生日晚宴，而且用了這個詞「必須」，他對我有很高的期望。

於是我想到一個主意：如果我們使用水族箱呢？D先生接受了我的提議。在廚房的主廚餐桌用餐，和他兒子一起……賓客將絡繹不絕，但名單由我擬定。我首先邀請了接待主管彼得．科馬，接著是驛站廣場的經理維納．庫克勒，接著是酒吧負責人蒂埃里．赫南德斯、主廚克里斯托夫．莫雷（當時是他掌廚），還有我自己。五名雅典娜廣場的員工在客桌就位。這天晚上，我的工作就是陪D先生父子用餐，這是為了我們公司的商業利益，但這樣的利益遠比不上人情味。我認為自己正在進行令人難以置信的應酬時光，和顧客及員工一起！這就是我如此熱愛我工作的原因之一，因為這些邂逅和分享的時刻。

餐廳團隊使出渾身解數，我們的首席侍酒師洛朗・魯卡羅拿出他酒窖裡的頂級葡萄酒，餐廳領班馬西姆・梅茲將他的松露刨刀磨利，晚餐可以開始了。飲品：一九九七年香檳沙龍、一九九五年布夏父子酒莊蒙哈榭、二〇〇一年科奇酒莊科爾登－查理曼特級園、一九九六年波雅克村木桐堡、一九八五年波雅克村拉圖堡、一九八六年索甸伊更堡。菜單：伊朗奧賽佳魚子醬（新漁場）佐冰鎮海螯蝦、快煎干貝佐阿爾巴白松露、黑松露半乾奶油義大利麵佐雞冠與腰子、阿布費拉醬布雷斯雞佐阿爾巴白松露、松露莫城布里乳酪。甜點是野莓聖代佐可可酥餅、熱帶水果冰淇淋蛋糕。

切蛋糕時，所有廚師齊聲對我們的顧客高唱「生日快樂」。而為了表示感激，D先生大喊：「我請大家喝香檳！」。那天晚上我回到家中，因為成功的服務而感到沾沾自喜，肚子也很飽足……出於很好的理由：我很高興我的人員在某種程度上也能獲得私人的陪伴。

其他更經典的私人服務僅在我們餐廳內部進行。我們有名顧客是非常親切且極具影響力的德國人，某天他要求外面的公司來安裝音響，因為他的兒子要主持晚會。我們無須承擔任何材料上的風險：漂亮的揚聲器、擴音機、三至四個麥克風，安裝技術是一流的。下午，所有的測試都成功了，之後技術人員在用餐的休息時間暫時離開。按幾下按鈕，燈光就改變了，營造出夜間的氛圍，一切都很順利，我們準備好了。六十六位賓客就座，第一次的演說可以開始了。但在打開麥克風時，沒有絲毫動靜。無論是否有使用變壓器，這間餐廳都是用兩組插座在分配電力。因為接錯插座，在將電燈調暗時，我們也將聲音調小了。在此期間，我們什麼也不懂，又聯絡不上技術人員。簡言之，需要精明能幹的人來救場。噢！我們雅典娜廣場有個無線麥克風，接在餐廳的小揚聲器上。我對我的助理約瑟夫．戴塞皮說：「快去找來！」他跑了回來，我們接了上去，「啪啪！」麥克風正常運作。我們不到三分鐘就解決了這個問題，彷彿什麼也沒發生過。晚會結束時，顧客在我耳邊悄悄地說：「您救了您的公司……」同一個團體在飯店租了十幾個房間，也把驛站包了下來。我無法得知他們在此居留的利害關係，但我的結論是這次的演說必定非常重要。

顧客和我代表的專業接待人員之間的親密度有時甚至到瀕臨生命的極限。在較理想的情況下，我曾協助過受迷走神經病症所苦的顧客。秉持著我「戲還是得繼續演下去」的格言，我們立即將病患撤離。在大廳裡，我們將他的雙腿抬高，並提供清涼的飲料，以緩解他的不適。而在最糟的情況下，我成了男性或女性顧客臨終時刻的見證人……我特別難忘的是一對年事已高的夫婦，他們和女兒一起來享用午餐，先生一就座就在椅子上睡著了。他的呼吸聲像是循環的打呼聲，讓我覺得有點奇怪，雖然他的妻子和女兒向我保證：「他睡著了，他睡著了。」但我仍在第一時間意識到他病情嚴重。

我拉著他的手臂，將他帶到餐廳外面。我讓他躺在前門前，沒人能夠從此地進出，顧客要從廚房進入餐廳。一對醫師夫婦來找我：「讓他平躺！讓他平躺！」他們證實了我不好的預感。我用雙手捧著這名老人的頭，我們開始幫他按摩心臟。我脫下他的西裝，醫師夫婦低聲對我說：「繼續按摩到消防員抵達為止。」距離我們幾公尺遠的餐廳已經客滿，餐飲服務正常進行著，人們吃飯、聊天、對著鏡頭擺出笑容，而我則在門的另一端跪著，大汗淋漓，忙著處理已奄奄一息的身體。第一批消防員抵達，接著是醫療急救隊，用吸盤按壓，電擊，按摩。屏風擋住了這戲劇性的場景，他的妻女待在十五公尺處。第二批消防員宣布了他的死訊，他們明確表示：「不要碰他的身體，這是美國人。」兩名美國大使館的人和便衣警察也前來進行同樣的確認。殯儀館的人在晚上十一點半將屍體帶走，結束了這自晚上七點半開始的場景。我的主管問我是否需要看心理醫師來排解情緒。不，儘管我很震驚，但死亡也是生命的一部分。

這是自然現象，但當我以值班經理的身分再度遇到類似的狀況時，這驚心動魄的場面依舊令我感到震憾。某個星期天晚上，在周末即將結束的前十分鐘，保全打電話給我：「快，B女士的狀況不妙……」這位顧客常年住在雅典娜廣場。我跑到她的房間，保全人員已經在這裡。B女士幾近全裸地躺在病床上，她的看護正極為從容地為她進行心臟按摩。她低聲輕柔地說：「瑪莎，回來，瑪莎……」十五秒後，B女士又恢復了生命力。我驚呼：「噢，瑪莎！您在這裡！留在我們身邊！」但她又離開了。她的看護繼續按摩，B女士數度恢復和失去意識，在消防員抵達時，她還有呼吸。

多麼不尋常的場景！他們將她帶到美國的醫院，三天後她便過世了。管理階層提醒我要小心處理她的事。「不要讓任何人來，將保險箱鎖上，將房間關閉，不要對任何人開放。剩下的我們會處理！」

我們改變了從老年到幼年顧客的緊急處置……噢，那些百萬富翁的孩子！有些顧客在這方面展現出莫名的惡意。如果他們的孩子做了蠢事，一切都沒事。但如果是鄰桌的孩子做了一樣的事，他們就會失去耐心。這讓我想到一名俄國顧客為所欲為的兒子，他將我們的 Murano 口吹玻璃燈罩戴在頭上玩，我在最後一刻抓住了這珍貴的物品。當我再看到這名孩子時，他又玩起我們的手提包架，那是我們稱為 Oneshot 的物品，而且上面有派翠克．喬因的簽名，是派翠克用 3D 印表機以複合材料製作的。我觀察著他的動作，以及即將要發生的事：他打破了它。我取回手提包架，離開時心裡盤算著損失兩千五百歐元的材料費可能帶來的後果。這名父親輕蔑地叫住我，他對我的反應很驚訝，還要求我必須立刻將物品帶回！為了確認，我問他：「您要我帶回您兒子打破的還是新的？」他立即大聲宣告，如果他想要的話，他可以把餐廳所有的手提包架都買下來！我忍住不說我們總共有三十個手提包架。還有一次，有對夫婦在十一號桌就座，身邊幾個七、八歲的小女孩長得就像是極其精緻優雅的美國洋娃娃。

我十號桌的顧客擔心地說：「您不會要我坐在有小孩的餐桌旁邊吧？」

我說：「請坐，相信我，那桌會很安靜的。那些小女孩講話很輕柔，她們也不會尖叫，非常有教養。」

「是沒錯，但她們會講話。」

我花了幾秒鐘時間才明白他的觀點。小孩尖銳的聲音讓他受不了，無論會不會尖叫。

我說：「噢，是的，她們確實會講話。」

要接待帶有特殊期待的權貴總是不簡單。因此我以遊戲的心情來看待這些情況。我遇過有些顧客會將「服務」和「奴役」混為一談，他們以為我們這些服務人員必須超然地忍受可能的彈指聲、噓聲、侮辱、威脅、種族主義或性別歧視等傷害。有些人拒絕讓有色人種或女性服務，或是不讓他們出於莫名原因討厭的服務生服務。有些員工淚流滿面地結束服務，他們情緒崩潰地說：「我又不是他的狗！」也有人因為意識型態等理由而離職，例如飯店一位女接待員因為環保信念而離開：她是堅定且活躍的純素主義者，她無法忍受要帶著顧客的毛皮大衣至衣帽間。

我們主要還是商業空間，糾正錯誤並非我的職責所在。我在餐廳裡接待所有人，每個人都帶著自己的價值觀、風俗習慣、文化前來。某天，T先生問我可不可以抽煙，那時還是法律允許在公開場合抽煙的時代，我同意了。五分鐘後，鄰桌的法國人開始抱怨：「在您這樣的餐廳裡允許人抽煙，真是令人難以忍受！」我轉頭看向T先生，他正和賓客們品嚐著干貝佐阿爾巴白松露，即我們每份價值一百九十歐元的前菜。我禮貌地說：「抱歉，T先生，有顧客在抱怨了。如果您可以不要在餐桌抽煙的話，會很體貼的。」我態度的轉變讓他非常惱火，一下說可以，之後又不行，這是多大的侮辱！他不吃了，而他的賓客們也都跟進，所有人起身離開餐桌，在走廊上待了一會兒後便消失在他們的房間裡。他們才吃沒幾口的菜最後被扔進垃圾桶裡。十五分鐘後，管理階層打電話給我：「我們和T先生有麻煩了，我們必須到他的房間。」我走上樓梯，心想：「我完蛋了。」T先生果然在沙發上等著我，身邊圍繞著三、四個管家。

我和管理階層派來的專員一起坐在他的右邊，我的顧客看著牆，開始用他的語言吼叫，翻譯員解釋：「T先生說他明天要到領事館要求關閉這間飯店，他要起訴你們。」接著這名顧客默不吭聲，始終盯著牆看。然後他再度展開更激烈的謾罵，持續十分鐘的侮辱。翻譯員交代：「現在你們必須向他的妻子道歉。」我們離開房間去見他的妻子，儘管熱度略減，但他的妻子還是盡量熱情地迎接我們。我不知道這場鬧劇明確的後續發展，但這家人匆忙地離開飯店，就像是他們對飯店的侮辱。我還可以繼續沒完沒了地跟你們敘說這類的軼事，我歷經過許多令人不舒服的處境，然而我常對自己說：「丹尼，好戲還在後頭呢！」另一個例子是：八號桌有位略為冷淡的顧客，獨自在自己世界裡，等著在餐後點一瓶兩千歐元的拉圖堡葡萄酒。太奇怪了……在下午茶時間點酒？侍酒師為他開酒，那是一流的酒，他為顧客倒酒，顧客開始品酒。

他說：「不，這酒不好。」

「但這酒沒有任何的缺點……」

顧客斷然地說：「我拒絕喝這酒。」

他在飯店睡了五個晚上，住的是五千歐元的房間，是大客戶。我靠近桌子，試圖提供建議：「我可以幫您把酒拿到房間。您可以在想喝的時候再喝……」

「不，您不了解。我不想要。」

後來我終於明白了他想傳達的訊息：事實上，他覺得我們的餐飲服務缺乏尊重；他想讓我們開他根本不想喝的酒來懲罰我們。我們別無選擇，只能將這瓶酒從他的帳單上扣除。為了不要損失這瓶珍貴的酒，我們將酒帶到酒吧，並倒入玻璃瓶中。我們的泵去除了酒瓶中的氧氣，讓酒可以保存在最佳品質。

在好鬥的顧客家族中，我現在要為你們介紹一位來自南非的白人。他預訂了三人的座位，但他在櫃檯前皺起了眉頭，反駁說：「噢，不，我訂的是兩人的座位。」不論如何，這不是很嚴重的狀況……至少對我來說是這樣。這名顧客生氣且小聲地說：「您不知道我有多精確！我無比精確！」我不加以反駁，讓他就座。我說：「這是一張三人桌，但如果你們是兩個人的話，應該不成問題……」但無濟於事，這一餐從一開始就不太愉快。每次經過這名顧客的桌子，他就會瞥我一眼，從他的眼神中可以看出他的壞心情和想找人吵架的感覺。我忍受著他的視線，他不喜歡這張桌子，將兩瓶酒退回，說海螯蝦佐魚子醬不符合我們餐廳的水準。我加以辯駁：「先生，這道前菜多年來一直是我們餐廳的招牌菜。」先蒸煮再加以冰鎮的海螯蝦，半熟半脆的冷海螯蝦擺在微酸的奶油清湯中，在表面抹上魚子醬，我們所有的顧客都很喜歡這道菜，就除了這位……我們為他供應了鹿肉，他一邊嚼著，一邊發牢騷。

「這太硬了！」

「先生，恕我冒昧地給您建議，您可以從邊緣開始享用。或許接著再享用里脊肉的部分，中間會比較軟。」

「如果中間比較軟的話，那為何你們要給我邊緣的部分？」他接著以銳利的眼神說：「我想吃沙拉，不要綠色的，我想吃黃色的沙拉。」

主廚覺得很有趣，為我做了綠色、黃色和紅色的沙拉。

「幫我將三種沙拉混在一起！」

甜點我建議可享用野莓。

他對我說：「請注意，我可是野莓專家，我只要拿一個放到舌下，就可以閉著眼睛品嚐，這些野莓最好很美味！」

我不再堅持，鬥爭即將結束。其中一名顧客在離開時緊緊握著我的手，並看著我的眼睛，彷彿在說：「太好了，夥計，你非常專業地做自己的工作！」實際上，我連續被打擊了兩個小時，但沒人能將我擊倒。

在我的職業生涯中唯一被擊倒的經驗來自一名委內瑞拉顧客。這名男人預訂了一張八人桌，其中包含他兩名四歲和五歲的小孩。他的小霸王像在家一樣尖叫，站在椅子上，對其他想必很尷尬的顧客沒有絲毫尊重。於是我擬定了我的策略：當某桌發生問題時，我先派餐廳領班去，如果他無法處理，我再插手。這次，紀堯姆．佩蘭不敢去。她低聲抱怨：「這些人好奇怪。」我靠近這名委內瑞拉顧客，開始自我介紹並真誠地說明情況。

我用英語說：「您好，我是餐廳的經理。」

他對於我的介入感到很驚訝。

我繼續說：「請體諒我們，有顧客對您孩子的吵鬧有意見。」

在他假裝不理解時，我再度說明：

「拜託，請試著讓您的孩子規矩些……」

過了一會兒，我的女接待員佩蘭將我叫到餐廳櫃檯。當這名委內瑞拉人在保鏢的護送下突然朝我的方向走來時，我正在和另一名顧客通電話。我掛上電話。他將臉貼至距離我的臉只有幾公分處，突然朝我的胸膛重擊一拳，並伴隨著西班牙語的辱罵。他將我壓在牆上，佩蘭衝過來：「停止！停止！」這樣的場景持續了兩分鐘，所有人都嚇壞了。這名顧客回到餐廳的用餐區，像沒事一樣回到他的座位上。我回到辦公室，想讓自己回過神來。該怎麼做？叫警衛來將他趕走？還是我自行處理？以客觀的角度來看，我說服自己，他打擊的並不是「丹尼．庫蒂雅德」，而是針對服務人員。

我走到街上，漫步了十分鐘。回到辦公室後，我找人來了解最新狀況。紀堯姆向我證實：「他還在那裡。」我決定默不吭聲，以免事態更加惡化。在我寫報告給管理階層時，這名顧客一家已經結束用餐。方索瓦．德拉耶肯定地對我說：「您做了正確的決定。」六個月後，我從我們的名單上認出這名顧客的名字，他在禮拜一、禮拜二和禮拜三的等候名單上，想訂一張十六人桌。出於想報復的第一反應，我將他的名字從名單上刪去。到了禮拜三，我的餐廳有空桌，我再次決定承擔責任：餐廳的利益勝過我個人的擔憂，我處理了他的訂位。這名委內瑞拉人出現了，在我的餐廳裡轉了一圈，和我握手後才就座，而我則在隱藏自己的情緒。這天這桌的帳單達到我們史上最高的金額：七萬歐元。用勺子挖取魚子醬、頂級葡萄酒……這位非比尋常的男人曾是麗思飯店的最佳顧客，後來到了喬治五世餐廳，最後成為雅典娜廣場的最大顧客。某天，他和三名法國小姐共進午餐，而且還送她們手鍊和項鍊。在艾菲爾鐵塔餐廳，他的帳單金額有時會飆升至十五萬歐元，其中包含五千歐元，甚至更高的小費。多麼狂熱！為了塞納河上的遊輪晚會，Sa 先生可以從我們酒窖訂購至五十瓶的香檳王，而且以瘋狂的速度飲盡。他開酒，喝酒。有些年份的酒在市面上已經買不到，我們不得不構思第二份酒單。某天，我建議方索瓦．德拉耶：「我們還是要小心。這不會有好結果的。」實際上，過了一段時間後，我得知他在南美受到監禁。根據其他和他同鄉的顧客透露，他涉入了祕密的貪污案。

國際認可

羅曼・麥德的料理每日都在進化。隨著時間，他的限制一一消失。他創作出燉鷹嘴豆佐鱘魚髓和魚子醬。鱘魚髓是鱘魚的脊髓，通常會取鱘魚的肉、卵，或是以皮革加工業取鯊魚皮的方式取下魚皮。羅曼會處理中央的魚骨，東方國家會取這部分來為濃湯或燉菜增稠但我們西方文化不認識這種略帶肉味的膠狀質地食材。羅曼喜歡用燒烤的方式將龍蝦或干貝烘乾，讓我們刨碎後再送餐。他用鹽水浸泡當季的蔬菜和根莖類作物，用蜂蠟煮櫻桃，再觀察隨著時間會發生什麼變化，一年後，我們再開瓶品嚐。一季又一季地過去，我們實驗廚房的數據庫變得越來越豐富，已經離埃斯科菲耶的傳統規則非常非常遙遠。例如，我們供應法式嫩煎魚排佐菊苣，並保留菊苣的根，證明這些菊苣確實出自泥土。在這道菜上，羅曼準備了山羊凝乳，其中的白膜會在黑松露醬中裂開。魚、菊苣、松露、山羊……法國的味覺基準已經消失，可能的領域正在擴大。我又變回小男孩，帶著小筆記本收集資訊。我經常感到迷惘，因此我會做筆記來豐富我的傳承。我記下什麼是芙蓉、菊薯、油莎草、薔薇果、枇杷……我沒騙你：幾天前羅曼才讓我吃了一片葉片、一個果核和木頭。他將這種備料稱為「無花果葉與杏仁」。將葉子先烤後炸成天婦羅；在表面添加焦檸檬的清淡調味，以及一片極薄的杏仁（仍包著淡綠色果皮的新鮮苦杏仁）。我不總是能立刻理解，往往就像被打了一巴掌般衝擊！多麼巧奪天工！

菜單每日更新，傳承自輝煌過去的海螯蝦佐魚子醬曾短暫離開菜單。幾個月後，在顧客的堅持下，羅曼又將這道菜放回菜單。我們的採購商（例如烹飪學院）的工作是尋找最佳供應商，而他們仍在不斷尋求以合理且適當方式生產的食材，並以盡可能最短的方式流通。因此，我們的蔬菜約有百分之六十來自凡爾賽宮皇后莊園的菜園。這塊潔淨又健康的土地過去的首席園丁艾倫・巴拉頓將這塊土地託付給艾倫・杜卡斯。他的兩名園丁樂於在我們的要求下種植總是較少見的蔬菜、水果、莓果等。這對器材、食材的敏感度，這樣的細緻度……據說我們是當下最創新的餐廳。我們一天比一天更接近丹麥諾瑪餐廳主廚瑞內・雷哲畢（René Redzepi）的融合料理熱潮，或是西班牙鬥牛犬餐廳主廚亞德里亞的分子料理。我的食慾和專業的好奇心讓我朝這兩間餐廳的方向前進。你們會問我：這樣好嗎？

這是真正的生活體驗……尤其是分享。如果有機會的話，我建議你們看「神廚東京壯遊記」（Noma au Japon）報導的重播，這是種狂熱的崇拜！艾倫・杜卡斯以前所未有的激情參與自然派，甚至有時會到餐廳裡巡視一圈，我相信這還是我十幾年來第一次看到的景象。即使沒有肉，我們還是能保證我們料理的強烈味道、質地和風味都完美地相當於肉類料理。我們遇到的抗拒變少，我們比任何時候都要更加確信沒有肉也能達到美味的巔峰。現在，我們不會再講不出道理來。那甜點呢？我們的甜點主廚潔西卡・貝亞巴多（Jessica Préalpato）也參與了自然派，我稱之為「自然甜點派」。

艾倫・杜卡斯確立的規則非常簡單：少糖。想像一下每次有新的創作時，他的腦海裡大概都在想些什麼。我們從他在二〇一八年出版的專書中了解這種新方法所遭遇的挑戰，而且仍必須保持美味。

我們長久以來的努力得到了回報。如今我們已超越了期待，到處都有人在模仿我們。我們被列入米其林指南。米其林指南從整體來看待我們的演變：杜卡斯、服務品質、餐廳歷史、當代發展和基礎方法，而不是前六個月就耗盡的嘩眾取寵和趕流行的宣傳手法。我們用不到兩年的時間就扭轉趨勢，在二〇一六年二月收復我們的第三顆星，也為我們帶回了三星顧客。餐廳爆紅，顧客也爆滿。洛朗開始接受頂級紅酒可以搭配魚類料理的概念。

這自然派的非凡經驗為我贏得了國際認可。我的身分、我的作為、我的分享，以及我投射出來的，都讓我成為受人敬重且有遠見的人。二〇一五年，我獲得由安妮和弗朗西斯・盧贊（Anne et Francis Luzin）頒發的法國美食雜誌《Le Chef》餐飲服務獎。二〇一七年，《Claude Lebey》旅遊指南頒發餐飲服務獎給我，以表揚我的一項措舉：在大多數餐廳裡，乳酪的服務瀕臨供需枯竭的危機。我記得從前在騎士居飯店服務時，飯店會供應兩盤精美的乳酪，為顧客提供超過四十種的乳酪選擇。對於自然派，我建議艾倫・杜卡斯發明非典型的服務。即不徵求顧客的同意，一在主菜過後服務人員清理完餐桌時，就在桌上擺上一盤乳酪供顧客品嚐。只要我們創造出慾望，顧客就會開始啃食。這擅自供應的乳酪盤刺激了食慾，帶動法國的乳酪業受到重視。如果顧客取用了超出餐廳分區主管以推車供應的乳酪，那我們就會收取費用。

二〇一八年，匯集最佳知名餐廳的世界頂級餐飲協會（Les Grandes Tables du monde）授予我以製造銅製器具的代表性公司為名的「Mauviel 1830 全球最佳餐廳經理」頭銜。這家公司的總經理瓦萊麗·古恩吉伯特（Valérie Le Guern Gilbert）對於餐飲服務業有極高的敏銳度。於是我繼保羅·博古斯在里昂的餐廳具代表性的經理方索瓦·皮帕拉，以及路易·維納夫等人之後獲頒這個獎項。後者在距離洛桑不遠處的瑞士克里西耶管理城市飯店餐廳，即如貝諾·維羅耶（Benoît Violier）、弗萊迪·吉拉德（Frédy Girardet）或菲利普·羅查（Philippe Rochat）等廚師大顯身手的地方。我受邀至馬拉喀什度周末。這年，克麗絲黛爾·布亞（Christelle Brua）被評為「世界最佳甜點師」。上海的 Ultraviolet 餐廳是餐飲界最具創意的餐廳之一，而餐廳中的法國廚師保羅·派萊（Paul Pairet）則被選為「世界最佳廚師」，「平底鍋廣播電台」（Radio Casseroles）那時預告他可能會到巴黎來。

一個月後，我獲頒二〇一九年的米魯高特餐廳年度經理獎（prix Gault & Millau du directeur）。在典禮上，馬克·埃斯克爾（Marc Esquerré）以麥克風宣布「這是丹尼首度獲頒這個獎項，但自本指南出版以來，他每年都該獲得這個獎項。」在他眼中，我代表著現代餐廳領班的楷模。在自然派推行幾年後，翠克·喬因對我說：「這並不容易，但肯定會成功，因為艾倫·杜卡斯已盡了最大的努力。」每當他回到我們的餐廳時，他都會恭喜並謝謝我。「這或許是唯一維持得如此良好的地方。」他的裝潢在我們的細心呵護下獲得讚賞和尊重，而且我們會更換每個受損的物件。他認可這間餐廳，並投注他豐富感性的理念，他的遠見便是我們成功的重要元素之一。不是在自誇，我記得曾聽他說過：「丹尼，我從你身上學到很多。」我至今還是覺得很感動。

四手聯彈的和諧

在瀏覽我的 Instagram 動態時，我發現一張艾倫・杜卡斯和巴黎市長安妮・伊達戈的合照，他們剛簽完一份就業合作合約。他寫道：「幾年前，我曾和一名員工討論過，我問他為自己的職業做了什麼，而這名員工就是丹尼・庫蒂雅德，我雅典娜廣場餐廳的經理。我也經常問自己同樣的問題，而我今天簽署的這份就業協議，就是我認為好的回答。」反過來，我是否透過成為這一行的佼佼者、自我解放，並在餐廳以外的地方採取行動來提升專業技能等方式為他帶來啟發呢？或許是吧。我為他的貼文按讚，而沒有多說什麼，有時沉默就已經足夠。

我推動接待與服務業的行動以不斷更新的熱情進行著。為了引發媒體的關注，讓他們敘述、拍照或錄影我們不太「誘人」的活動，我們萌生舉辦競賽的想法，一座可以用更有趣、更具視覺效果的方式推廣餐飲服務的獎盃。我們想將我們的專業技能發揚光大。

除了 Ô Service 以外，我們和丹尼・費羅（Denis Férault）在二〇一六年建立了第二個名為「法式服務」的協會。我們構思一場可以展示我們這一行的競賽，就像一場秀、美麗的表演、盛大的聚會。

十二名入圍的候選人參與在巴黎艾爾伯德門高中舉辦的準決賽，而我在那裡遇見了我終生的朋友：派翠克・肖文。為了紀念我最早在騎士居飯店的工作，我制定了切全兔的測試，從沒有人這麼做過！我和同樣是管理委員會的赫夫・帕門蒂爾及史蒂芬・特拉皮耶接到了許多來自指導老師、候選人和餐廳業者的電話。於是我請埃斯特班・瓦萊這位切肉與燒烤的專家來寫劇本、拍攝並分享到網路上。他會接受切兔子的拍攝工作嗎？他接受了。我將他的影片傳給候選人，說明這是一種做法，但每個人都可以用自己的方式切兔子，在這方面沒有規則。

最終六名候選人在里昂的國際餐飲飯店展（Sirha，相當於餐飲界巴黎餐飲飯店設備展 Equip' Hotel 的盛會）的決賽上碰面。主任委員瑪希奧迪・封德為我們協會預留了一個名為「表演廚房」的精選空間。四小時的時間，我們在四百名大眾面前進行比賽。我們想像的情況是他們需要有臨場反應的辨別力、在最棘手的情況下振作精神的能力，同時又能細心地遵守我們這門技藝的規則。在友好和互助的氣氛下，從一開始就被告知測試主題的候選人很樂於向大眾展現現代餐廳領班的所有本領。他們傳達出我們的職業之美，觀眾鼓掌，這是對我們的專業技能、技術及知識多大的認可！

二〇一七年一月，我們的第一名得獎者名叫艾莎・珍沃。我很高興是由女性贏得了這次的勝利，選擇從事餐廳領班一職的女性總是令我特別感動。二〇一九年一月，我們的第二名得獎者班諾・布羅查腳上穿著白色的史密斯鞋參加服裝競賽。他在後台開玩笑地對我說：「我是雷蒙・德瓦斯（Raymond Devos）和皮耶・德普羅格（Pierre Desproges）的綜合體。」這名年輕的比利時人為我們準備了熱情洋溢且色彩繽紛的示範表演。他非常有型，總是帶著燦爛的笑容，極為善解人意。而且在某些類型的餐廳中，他的條件可能非常有利。如果你遇到他，可以問他關於……烤小馬里脊的配方，這可不是比利時的玩笑。

前米其林總監兼多本烹飪書籍的作者（包括最暢銷的《米其林三星》（Trois Étoiles au Michelin）尚馮索・梅斯普萊德（Jean-François Mesplède）同意贊助這第二次的比賽。在我們的準決賽上，他發表了關於餐飲服務業的活潑演說。海蓮・比奈（Hélène Binet）在《一窺餐飲服務業》（Un oeil en salle）雜誌上摘錄了他的演說。尚馮索說：「一頓飯就像是一部真正的戲劇，廚師是劇作家，顧客是演員，而餐廳領班則是導演。」出色的概括！他還補充：「我們過去看到的情況是廚師權力無限大，餐廳領班令人肅然起敬……但廚師關在自己的廚房，有時還是地下室時，顧客連廚師的鼻尖都看不到。我們應該看看由保羅・博古斯和朋友在一九七〇年代推行的新式廚房，那就是改變的開端……毫無疑問！儘管廚師想堅守著他們應有的社會地位，但這些廚師兼餐廳老闆大多明白，如果沒有餐飲服務人員扮演大使的角色，他們根本無足輕重！因此，「奴才」、「蹩腳甜點師」和不中聽修飾語的時代已經過去了，我們休戚與共。當然，隨著時間的過去，白袍廚師很快又追上穿著西裝的餐廳領班，因為後者有時會忘了傳承給下一代。但我們無可避免的現實是：他們不能沒有彼此！廚師、甜點師、侍酒師、餐廳經理或餐廳領班必須攜手合作！餐飲服務扮演的角色非常關鍵，因為這會影響到顧客對餐廳的觀感。因此，我們怎麼能不提出這樣的問題：如何才能稱得上良好的服務？我很想說是當顧客忘了有服務的存在時。我這麼說並不是為了挑釁。我的意思是負責服務的人應該懂得如何在場服務但又能讓人忽略他們的存在。體貼，懂得傾聽來滿足顧客的需求。透過這餐廳領班的獎盃，您很幸運能擁有這些想傳遞熱情的前輩。最後，在我看來，真正的核心仍然是服務，除了基礎技術以外，豐富的心理素質是不可或缺的。一頓飯就像是一部真正的戲劇，廚師是劇作家，顧客是演員，而餐廳領班則是導演。這頓飯再如何出色，如果沒有相稱的導演，也只會被我們遺忘。

廚房和餐飲服務團隊之間的關係是我經常思考的重要議題。我相信在雙方的互相尊重下，這段關係是可以臻於完善的。尊重彼此的職責，也相當於尊重行使職責的人。其中一方必須讓步，為另一方騰出「空間」，他們就是彼此的延伸。廚房和餐飲服務這兩個團隊，沒有彼此便無法運作。其中一方犯錯，也會為另一方帶來後續影響，讓和諧失衡。我們維持著相互依賴的關係，我們的專業技能是互補的。如果餐飲是音樂，就會由音樂家（餐廳分區主管、二廚和助理）來演奏，並由兩名樂隊指揮（廚房主廚和用餐區的餐廳領班）來領導，節奏不一致就會走音。如果指揮可以設定正確的節奏，清楚溝通，並指示他期待音樂家在音樂會時會有什麼樣的表現，那麼旋律就會很完美。

那要如何改善這段關係？我認為員工應學習更良好溝通，並多了解彼此的職責。「出餐台」是兩個團隊必經的交會點，通常也是各種衝突的交鋒處。在這確切的地方，廚房透過菜肴將他們所有的知識傳遞給服務人員。廚房人員透過這個動作「讓出」他們作品的所有權，並委託餐廳員工好好運送和服務，而且是在他們視線以外，無法監督和控管的範圍。應指定出餐台的負責人，並從餐飲服務的員工中挑選。這個人必須是最優秀的人，才能勝任最先與廚房對話的重責大任。公司應提升這新職務的價值：升職、加薪……然而，餐飲服務團隊經常做出錯誤的選擇，指派經驗不足的員工，結果導致緊繃的氣氛加劇。

在廚房的忙碌期間，節奏緊湊，這互相依存和融洽的相處將更顯得有意義。我們可以抹去壓力的負面影響，而以積極的行動鼓舞團隊。我相信廚房主廚與餐廳領班未來可以無比和諧地合作，他們將一起直接隆重地為顧客提供餐飲服務，這就是我所謂的「四手聯彈」。顧客可以從工作氛圍中感受到餐廳團隊融洽的相處和合作，關係緊密的團隊便能提升顧客的忠誠度，良好的合作精神讓工作人員更有動力，可提供更高水準的服務，讓顧客滿意，並帶來新的顧客。我一有機會就會試著分享這有益的概念，廚房和餐飲服務團隊之間的緊張關係並非不可避免。

庫蒂雅德世代

人生總是出人意表，有時會給我們多次體驗的機會，有時甚至會給我們多次偉大的愛。我過去已不再相信，或者說我並不曾相信這件事。我經常陷入新的戀情，而且經常被愛，被真摯且狂熱地愛著。但在二〇一六年十二月二十一日這天，這天是星期三，我在朋友喬阿金．布拉茲經營的拉洛林餐館吃完午餐。這天天氣很好，我的心情愉快，這時有名年輕女子走進餐廳，並以堅定的腳步向我走來。她向我伸出手，對我說：「您好，庫蒂雅德先生」。我回答「您好」，沒有真的記起她是誰。是我餐廳的顧客？一邊握著她的手，我已將她的手臂拉向我，我問她是否可以吻她的臉頰。她的臉露出燦爛的笑容。你懂嗎，是在美國電影裡才看得到的那種笑容！是一見鍾情嗎？我不知道。無論如何，她的臉湊了過來，我們輕吻彼此的臉頰。

面對我疑惑的神情，她說明她在我的業界也很活躍。我假裝認出她來：「噢，對，對，我正納悶呢！」接著，我讓她繼續去和等著她的人碰面，而我則藉機離開餐廳。她讓我留下深刻的印象，彷彿我部分的靈魂已留在這迷人繆斯女神的臉頰上。我從沒有這麼做過，但我必須趕快行動，因為我的心跳已經在倒數我們的下次會面。我回想起來，我現在知道她是誰了，我極為大膽地從她一位近親手上取得她的電子信箱，希望能讓她明白我必須再見到她……十二月二十七日，傳來令人期待已久的訊息，她寫道：「如果我們到聖馬丁運河的酒吧喝一杯呢？」我們約在晚上七點。我第一個抵達，而我發覺銅灣酒吧的門是關著的，我開始擔心起來。我好冷，過了整整七分鐘，我殷殷期盼的人終於來到。當她發現門是關著時，她也同樣困惑。我們改到隔壁的天意飯店，連飯店的名字都剛好符合當下的狀況。才剛踏進去，過去曾在雅典娜廣場工作過的酒保就認出我：「晚安，庫蒂雅德先生，我可以送你們兩杯香檳嗎？」後來送上一份義式燉飯和一份小牛排，我起身試圖吻她。她接受了。我送我的女伴回到她位於白鴿城的住處。我們就像兩個青少年一樣，在人行道上溫柔接吻，然後祝彼此晚安，各自回家。隔天早上九點，我試著傳簡訊跟她道早安，同時提議要送熱的可頌給她。她同意了，我欣喜若狂。我就這麼回到了白鴿城，這也讓我想要為她取這樣的綽號：「我的白鴿。」我停好車，按了她家門鈴。我們一起品嚐早餐，無止盡的美食佳肴……夫復何求？自從我和我的白鴿生活在一起，我的優先順序自然有了變化。比如說我已經卸下了大部分的重擔。我感覺很好，我戀愛了，再度變得敏感起來。但這次是出於好的理由。

二〇一九年，我成了嚼食希望（Croq' l' Espoir）協會的贊助人，該協會讓病童可以和廚師碰面，並參與烹飪工作坊。籌辦人都是跳脫傳統框架的人：塞德里克．查雷亞、湯瑪．奧桑、湯瑪斯．切爾比、奧利維．比高……我負責主持一場慈善晚宴，最後我們募集了一萬六千歐元，是協會史上最高的募款金額。我們有九十名志工，主要來自飯店餐飲管理學院，開始為患了白血病的小男孩蒂亞戈服務。我們為他戴上廚師帽，帶他到廚房。伊曼紐．福尼教他如何調製雞尾酒、佈置餐桌……還有很多會在貝西鉑爾曼飯店進行的工作。蒂亞戈的臉亮了起來。感謝，感謝，再度感謝您為這孩子所做的一切。

在三十六年的職業生涯中，我吸收了如此豐富的專業經驗……如今在我看來，提供我的協助、傳授我的知識就像是一種責任，甚至是一種需求。我訓練過的年輕人（我會說是陪伴），屬於我所謂的「庫蒂雅德世代」。

這讓我想起克里斯托夫．聖塔涅掌廚的時期，我在報紙上發現一位名叫查理亨利．莫克（Charles-Henri Moëc）的年輕小夥子，出生於一九九二年的他剛贏得「法國最佳學徒」的稱號。我設法和他取得聯繫，我想要他來雅典娜廣場工作。我還記得我們第一次帶有諷刺意味的討論：

他在電話那頭猶豫不決：「如果我到你們那邊工作，我要洗很多的杯子……」

「是的！上百個杯子！而且這些杯子都很脆弱……」

查理亨利突然焦慮地回答：「噢，是嗎？」

「是的！如果你打破一個杯子，要價可是非常昂貴的！」

他擔心了起來：「那托盤呢？有人跟我說我要端很多的托盤。」

「是的！這些大的船形托盤，空盤就重達五公斤。晚上你會在廚房和用餐區來回走動。」

他更吃驚了。在令人困惑的沉默中，我聽到「噢！」和「啊！」等驚呼聲。我又恢復嚴肅：

「查理亨利，聽我說，這些都是過程，你只要儘快跨越就好了。」

他最後被我說服了。我像歡迎其他人一樣，充滿人情味且親切地歡迎他。我在第一天就對他說：「查理亨利，有什麼問題儘管開口，我會為你效勞。如果餐廳領班無法協助你，請直接來找我。不要留下任何懸而未決的狀況或感受，沒有什麼經驗是不好的。別忘了！」一開始，克里斯托夫・聖塔涅還無法理解這名身材高大、沒什麼表情的冷酷年輕人。另外值得一提的是，現在二十歲的年輕人看起來都像三十五歲！主廚覺得這名還是學徒的少年在打量他。漸漸地，查理亨利有所成長。員工們為他取了個綽號：迷你莫伊滋，意思是「迷你庫蒂雅德」。查理亨利不僅跟隨克里斯托夫來到莫里斯飯店，還成了他部署廚房的第一位，也是最佳的得力助手。這兩人在和彼此接觸後都開始成長。儘管是學徒的身分，但他卻是所有員工中工作表現最出色的。查理亨利繼續在才華洋溢的安東尼・彼得魯斯（Antoine Petrus）身邊受訓，後者具有餐飲服務和侍酒師的雙重MOF（法國最佳工藝師）。之後查理亨利再到倫敦由艾蓮娜・達羅茲（Hélène Darroze）掌廚的科諾特飯店餐飲服務管理部門學習。查理亨利也是年輕人才中的楷模，因而擔任了世界技能大賽（Worldskills，業界名副其實的世界錦標賽）法國隊的隊長。

至於一九八四年出生的克萊兒・索內則是Y世代的化身，我像黏土雕像般塑造她，最終，她褪去了稜角！她的黑暗面承襲自嚴格的教育，我漸漸緩和她這樣的性格，將光線帶入她心中，我向她的靈魂對話……我還記得她第一次來面試那天。那時是二〇一一年四月。在我的辦公室裡，她坐在我的正對面，驚慌失措、謹慎、有點陰沉。但近幾個星期前，我在她新上任的摩納哥路易十五餐廳裡看到的是美麗、容光煥發、開朗的克萊兒。她的才能足以勝任這新的職務，她就像寶石一樣，先經過雅典娜廣場的訓練，接著又到了克里雍飯店，更確切地說是飯店內的珠寶盒（L'Ecrin）美食餐廳。珠寶盒裡的珠寶！正如其名。這就是她的命運。

查理亨利和克萊兒就是庫蒂雅德世代！感謝大家。感謝所有過去曾陪伴我，以及未來仍繼續陪伴我走上這條道路的人，這是我們共同的功成名就。我要感謝的人包括：艾梅里克・勒沃特、奈里・哈魯圖尼亞、麗塔・沙菲克、馬西姆・帕斯德、洛朗・魯卡羅、約瑟夫・戴塞皮、克萊兒・索內、伊莉絲・德拉克、朱利安・弗洛倫、羅曼・佩爾諾、達米安・梅洛、賽西兒・蓋拉德、達米安・佩平、查理亨利・莫克、伊芙・康尼薩、奧利維・比高、馬西姆・梅茲、布里厄・格雷、亞烈斯・祖克、朱利安・托圖、巴普蒂斯特・托馬西、奧古斯特・拉福圖、巴蒂斯特・比爾、馬蒂厄・莫文、內森・特拉弗、朱利安・岡薩雷斯、麥可・泰吉、詹姆斯・特羅莫、塞巴斯蒂安・諾耶勒、佩林・里布洛、威廉・盧斯托、皮耶・帕皮諾、阿德里安・彭魯、尚大衛・杜平、喬安娜・梅瑟、賽堤克・凱里、昆汀・阿諾、麥可・泰利、馬蒂厄・貝勒、哈蒙・布斯尼納、費德烈克・澤姆、阿梅勒・勒庫恩夫、紀堯姆・佩蘭、大衛・德拉薩維納、尼古拉・德納、塞德里克・皮科、佩特拉・卡魯索瓦、佩妮羅普・佩蘭、費德烈克・魯昂、克里斯蒂安・拉瓦爾、米歇爾・朗、克里斯托夫・布魯內、法比安・希米耶、吉爾・德佩、奧利維・蓋希耶、埃里克・吉耶、翁貝托・吉洪多、利蒂亞・瓊堤、西莉亞・胡里埃、克里斯托夫・胡、菲利普・凱弗、派翠克・阿道夫、奧利維・朱涅、澤維爾・德馬斯，以及許多其他的人。

今日我將我的技藝、服務的技巧、餐桌的藝術，以某種法國的生活藝術方式編纂成書，為下一代做好準備並強化他們的技能。我想將我成功的鑰匙交給年輕人。透過分享我走過的路，我希望他們能夠節省時間，因為我們需要這些時間去從事我們熱愛和我們想做的事。我不知道這樣的路線是否有助通往康莊大道。但無論如何，我採取的途徑讓我登上高峰。我們從人生學到的就是要怎麼收穫先怎麼栽，但願這本書也能有助你思考自己的人生。

我透過本書表達我對現代法式服務的觀點，就像是一種宣言，讀者們可將它視為拓展思路的工具，透過反思為行動賦予意義。而且千萬別忘記：在顧客、服務人員、主廚的身分背後，最重要的是人心。我一直以來都信奉這句非洲格言：「獨自一人，可以走得更快，但團結合作，可以走得更遠。」沒錯，服務他人，就是歡迎和接待他人。在接待客人時，他的價值觀、自由意志，想要與眾不同、成功、成長、傳遞等願望，這樣的多元性造就了我們的樣貌、我們的行為、我們的思想，以及我們的言語和文字……永遠都要慷慨大方，這就是關鍵。

接待的藝術

Sur l'art de recevoir...

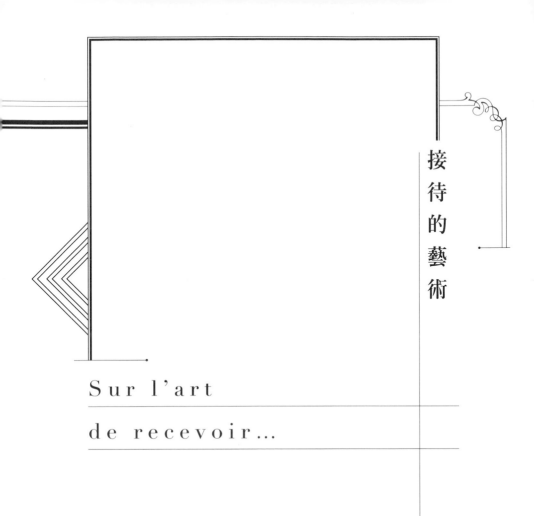

我也想在家以同樣方式接待客人！」在我整個職業生涯中，這句話我聽過無數次。各位先生女士們，透過這段文字，我要誠摯地向你們道歉，因為我無法或不知道該如何履行你們的請求。接下來的這段敘述應該有助向你們彌補我的不足，但更重要的是，可以讓你們成為理想的主人……可以考慮將美食家布里亞．薩瓦蘭（Brillat-Savarin）這段語錄牢記在心：「邀請某人，就是當他在你家屋簷下做客時負責讓他感到幸福。」因為接待首先是一種道德行為，你必須要熱愛社交和分享。接待（歡迎）就像烹飪一樣，對我們許多人來說都是娛樂。我們在此談論的是真正的生活藝術。

佈置餐桌

因此，先讓我們從「準備餐桌」的概念開始。更確切地說，應該是「佈置餐桌」。詞源來自中世紀早期：「餐桌」（table）一詞來自拉丁文的tabula，意思是支架上的木板托盤，因為當時並沒有固定的餐桌，僅有少數領主擁有稱為「靜止」的固定桌腳餐桌。因此，您已經有餐桌，但要如何裝飾才能確保創造出令賓客「驚豔」的效果？在嘗試製造時尚效果之前，我給你的第一個建議是先佈置一張有你個人風格的餐桌。如果能夠結合美學、和諧感、人體工學、實用性、邏輯性……同時以右撇子的舒適度為優先，那你的佈置就成功了。

挑選主題也有助選擇佈置的元素。永遠記得要保持歡慶友好的精神，依午餐、晚餐、所謂「嚴肅」

的商業餐點或較放鬆的聚餐（例如朋友之間）而定，裝飾靈感可來自你居住的地區、季節、特定的家庭活動（訂婚、洗禮……）、特殊的節日（復活節、聖誕節……）或當下的情境。佈置的創意無窮無盡。

桌布

讓我們先從為這張餐桌鋪上桌布開始。桌布必須是潔淨無瑕，而且經過充分熨燙的。將垂下部分調整至各邊一致；這很重要，因為佈置必須是對稱的，桌布就是佈置的第一步。

一塵不染

萬一不幸地在你的白色桌布上仍有小小的「清潔痕跡」，可使用同色的粉筆，在表面劃幾下，應該就可以讓賓客看不出來。

裝飾花卉的花粉會是你的頭號敵人，擺在餐桌中央時要非常小心。請優先選擇沒有氣味和花粉的花卉。

蠟燭留下的蠟漬可蓋上餐巾紙或吸墨紙，再用熨斗燙過表面，便可吸收並去除蠟漬。
咖啡污漬可用白醋或九十度的酒精去除。
奶油污漬可用索米爾耶粘土（terre de Sommières）、滑石或馬賽皂來去除。
若要去除口香糖，可用冰塊加以硬化，便能輕鬆剝除。
奇怪的是，有些白酒可消除酒漬……不然也可以試試冷水、白醋或九十度的酒精！

你知道桌布正在消失嗎？二〇一八年，在剛取得米其林星星的餐廳中有百分之三十五的餐廳沒有桌布，而二〇一五年年則是百分之三十三。每年針對餐桌藝術趨勢進行研究的美食設計師希爾薇・阿馬爾（Sylvie Amar）指出：「如果換個角度來看這數字，這表示有三分之一的餐廳選擇不鋪桌布，這是很驚人的。」是預算的問題嗎？未必如此。時尚效果？也不是。她向《一窺餐飲服務業》雜誌的海蓮・比奈解釋：「今日很重視材料，就像餐具一樣（如餐盤、碗等）。」因此，現在的顧客會直接在餐桌上用餐，不論是木製還是玻璃餐桌。在卡斯特雷飯店的克里斯托夫・巴奎餐廳這新的三星餐廳裡尤其是如此。但希爾薇・阿馬爾認為這會帶來新的問題，即這張桌子會帶來噪音、衛生和保養等問題！

我還可以和你們分享我在位於埃居里的保羅・博古斯餐飲學院二〇一八年舉行的餐桌服務大賽中的體驗。我們有十二張桌子要評分。兩名專業評審面對十二組各六名的培訓生，即七十二名年輕的未來專業人員……一號評審要評的是美學和創意部分；二號評審負責的是專業度和實用性。在聆聽這些年輕人捍衛自己的方案許久後，我發現餐桌藝術有項基本元素已大大消失……如果你問我接下來的問題：在十二張餐桌上，有幾張有鋪桌布？答案是：一張也沒有。

這些未來的年輕人才都選擇了材料：木頭、玻璃、鋼板、樹根、數位螢幕等。我大為驚訝。因此我和該學院的培訓負責人菲利普．里斯帕分享我的感受，我們同意在下次比賽的設計中加入強制使用擦嘴餐巾以外的桌布規定。

餐具

你的餐桌已經就緒，桌布經過完美地熨燙，花也擺在餐桌的中央（花不能太高，也不能太大）。這就是對稱地擺上餐盤、餐具和玻璃杯的時刻。為了能夠適當地擺放，請先將椅子擺在確定客人會入座的位置。如果你的餐桌不是正中央的桌腳（餐廳的理想餐桌），那麼就必須考慮餐桌的四個桌腳。是四個人共進晚餐嗎？不能讓桌腳落在任何人的雙腳之間。是五個人嗎？唉，對第五位（或第六位）賓客來說，不可能讓他避開桌腳。但如果事先知道這點的話，就能提前做好適當規劃，盡可能為最重要或著名的賓客提供最大舒適。

現在是時候開始擺盤了。我建議在桌邊和餐盤之間留下一指的空間，接著將叉子擺在左邊，尖端朝向桌布，這就是我們所謂的「法式服務」，這是過去用來顯示餐盤背後雕刻紋章的儀式。在英格蘭，叉子是尖端向上地擺放。沒錯，這並不令人意外，我們的英國朋友總是和我們反其道而行！刀置於刀架（較能引發食慾，而且桌布比較不會髒），並擺在餐桌的右邊，和叉子平行。

如果從佈置的一開始你就已經決定要擺放享用乳酪和甜點的餐具，那必須擺在餐盤的上方，和大型刀叉垂直。首先，由下往上依序擺放甜點叉（手柄朝左），接著是甜點匙（手柄朝右），接下來在上方擺放乳酪叉（手柄朝左）、切乳酪的甜點刀（手柄朝右）。我總是建議在大叉子左邊擺上一個小餐盤，並在餐盤中擺上用來抹奶油的麵包抹刀。在剛開始用餐時，這個小餐盤很適合用來擺放餐巾。請優先選擇較紙巾細緻的布質餐巾。我喜歡餐巾是潔白無瑕、捲起，而且鼓起豐滿，可以給人舒適的感覺。

風俗習慣

儘管法國的餐桌藝術早在幾世紀之前就已經出現，但所幸有無數的製造商和各種的工藝品，讓法國仍是生活藝術創作領域中最動人的參考基準。湯匙和碗自遠古時代就開始使用；玻璃杯出現在羅馬帝國，餐刀則是中世紀時代；叉子是亨利三世從義大利帶回，但自十四世紀就已經存在；餐巾則是在路易十三的時代問世。陶瓷技術在十八世紀起飛，創作靈感源自中國的製程，並使用高嶺土（瓷土），這種材料可以為瓷器提供耐久性和透明度。直到十九世紀人們才開始使用各種不同大小的餐具（田螺或牡蠣叉、蘆筍夾、牛排夾、挖魚子醬的珍珠貝和獸角、麵包屑斗、點心展示架等），以及不同形狀體積的玻璃杯。如果有客人問你調味瓶架（原文為 **ménagère**，亦有家庭主婦的意思）在哪裡，請不要生氣，這只是用來展示的一種餐具……

現在要擺上玻璃杯了。水杯應擺在餐盤的正上方，其他的杯子（紅酒杯和白酒杯）擺在右邊。香檳酒杯和前面兩個杯子稍微交錯排列。這是合乎邏輯的，第一個要用的杯子擺在最右邊；同理，由右至左擺放從最小到最大的杯子。為了讓玻璃瓶恢復透明並去除石灰沉澱，可倒入酒醋和少許的粗鹽，用力搖動後浸泡。

剩下要做的就是開始進行裝飾，並確保一切都很完美：背景音樂、房間溫度、柔和的光線……

準備工作

你必須是未雨綢繆的東道主，一切的準備和安排都應「準時」。如果你要烹飪，請避開有風險的菜肴，即必須快煮或是烹煮時間過長的料理（例如蛋黃醬、義式燉飯、乳酪舒芙蕾……），因為這會讓你在開胃酒時刻離不開廚房。同理，需要太多技術，或複雜到令人難以理解的菜肴也應避免。並請留意如牡蠣、貝類、田螺、兔肉、野味、動物內臟（小牛胸腺、腦等）、味道過於強烈的乳酪（艾帕瓦斯乳酪 époisses、馬瑞里斯乳酪 maroilles 等）之類的食材，請準備替代的食物，以免有賓客會過敏、不耐受、文化和／或宗教限制的食物……同時對時代的變遷保持敏感：越來越多的人採取無麩質、無乳糖、素食、純素、魚素或鍋邊素飲食……沒錯，這一切就是我的職業生活日常！但如果你是每個禮拜天中午要為家人製作烤雞料理做為午餐，我建議你可參考埃斯特班・瓦萊的《燒烤與刀工》（Flambons & Découpons，Slatkine 出版社）一書，他是切割和切片之王。這本書對於家禽肉的切割會帶來很大的幫助！

請請／碰杯隨意！

「乾杯」一詞來自拉丁文的 tostus，意思是「烤」。過去人們會在杯底放一塊烤麵包，並用手傳遞，以祝賓客健康。當杯子傳到應喝下他的人手中時，他必須將杯子的東西飲盡，並吃下麵包。「請請／碰杯隨意」（**tchin-tchin**）在法文裡是用來形容兩個玻璃杯相碰撞的聲音。我們在開胃酒時刻所謂的「敬酒」，是用來祝我們一切順利，這樣的習俗來自擔心意圖不良的人會在我們的飲料裡放毒藥：碰撞兩個杯子可讓杯子裡的液體混在一起，而且讓兩位飲用者都置於同樣的潛在危險中，「如果我死了，你也會死，但如果沒有人死，那就讓我們做朋友吧。」日文是「**Kampaï！**」、義大利文是「**Salute！**」、俄文是「**Za zdorovié！**」、挪威語是「**Skoäl！**」、葡萄牙文是「**A sua saúde！**」、泰文是「**Chai-Yo！**」、德語是「**Prost！**」、中文是「**Gan bei！**」、英文是「**Cheers！**」、西班牙文是「**Salud！**」、希臘文是「**Yamas！**」、土耳其語是「**Sherefé！**」……或是法語裡簡單的「**Santé！**」（祝你健康）。

而在提供飲料服務時，請預先準備冰桶來擺放香檳和白酒，而對頂級紅酒來說，醒酒或傾析可能顯得很重要。最近由安東尼．彼得魯斯出版的《酒》（Le Vin，EPA 出版社）一書提供許多可用來理解酒及其風土的關鍵。

客人帶來的禮物（冰鎮香檳、紅白酒、一盒巧克力等），應在晚宴時品嚐，以便和送禮者一起享用。訣竅：如果香檳不夠冰，可擺在裝有水和冰塊的桶子裡，加入一把粗鹽，以加速冷卻。

座位安排

你只需擬定你的座位表，是正式的，還是非正式的？這完全取決於客人的特質，以及你邀約的原因。入座時，由家中女主人指定每位客人的座位。請儘管大膽地主動出擊，這可是你家！

懂得如何安排客人的座位完全是一門藝術。夫妻不應並排坐。最尊貴的客人永遠都該安排在最好的位置，而這指的往往是中間的位置。如果是男性，會坐在女主人的右邊；如果是女性，則是坐在男主人的右邊。無論如何，要嚴格遵守的常理是：禮儀始終規定要先服務年長的女性，之後才是年輕女性（男士同理）。若要舉辦正式晚宴，根據已知的正式禮儀，必須嚴格遵照身分地位（宗教、貴族、軍官、職業、平民和其他等級）來安排。

而為了預防在最後一刻可能發生的尷尬狀況，記得考慮「迷信」的問題：一張桌子不能坐十三個人；麵包不能倒置，否則會邀請惡魔進屋；千萬不要將鹽打翻在桌布上；刀子絕不要交叉……

最後，不要害怕客人的批評指教。所幸現在還沒有「到府製作餐點並提供餐飲服務」的旅遊顧問！這讓我們都放心了！

祝胃口大開？

儘管這樣的表達就社會關係來說似乎不太恰當，但從歷史和語法的角度上來看是完全可以接受的。歷史學家兼《歷史語彙小字典》（Petit dictionnaire des expressions nées de l’ histoire，Tallandier 出版社）作者亨利．吉爾（Henry Gilles）明確指出，「胃口／食慾」（appétit）一詞自十二世紀以來便廣為人知。它來自拉丁文的 appetitus，appetere，意思是「慾望」和「力求實現」。因此這是一種衝動、慾望。這一詞是從十三世紀才開始用來形容對食物的慾望、渴望，以及對吃的慾望。此後，「祝胃口大開」（Bon appétit）便用在這方面。但根據著名的女伯爵那丁．羅斯柴爾德（Nadine de Rothschild）公布的規則，如今「祝胃口大開！」意味著「祝消化良好！」、「祝腸道健康！」，甚至是「加油！」。二〇〇六年，《解放報》（Libération）針對她在一九九一年出版且銷售量達數千冊的「聖經」：《勾引幸福，是成功的藝術：二十一世紀禮儀》（Le Bonheur de séduire, l’art de réussir : Le Savoir-vivre du XXIe siècle，Robert Laffont 出版社）寫道：「如果對人說『祝胃口大開』，可能會讓你永遠被歸類為鄉巴佬。」

致艾倫·杜卡斯的公開信

Lettre ouverte à Alain Ducasse

杜卡斯主廚先生：

我寫下的是我說不出口的話。您可以想見，這本書在某種程度上治癒了我。曾有位社會學家告訴我：「所有進來的東西都必須再出去。」因此，我正在將他的寶貴建議付諸實行。接下來是我發自內心的話，是時候回顧我的人生了。您讓我成長，是您賦予我成為佼佼者的能力。您願意讓我獨立思考，正如您所知，我既非追隨者，也非順從者或反對者。但我很忠誠！在我撰寫本書時，您邀請我到摩納哥。您給了我一個夢幻的周末，令我想起上次在二〇一二年十一月十六日造訪路易十五餐廳，並待了二十五年的美好回憶。您把我當王子般接待，在兩百四十名受邀的主廚中，我是唯一的餐廳領班，而他們總共獲得了米其林的三百顆星。這是多大的獎勵！多麼幸運！而我在二〇一八年舊地重遊……重新探索巴黎飯店，但這次是以顧客的身分體驗。經過三年的翻新……

我和我的小白鴿在尼斯機場坐上了直升機。天氣晴朗，我們從海邊的岩石上就可望見那位置優越的宏偉飯店。我的女朋友是第一次有這樣的體驗，她感動到落淚。我們預計要在艾倫．杜卡斯三星級的路易十五餐廳參加晚宴，相信我，這確實令人印象深刻。我們一抵達，就有人帶我們參觀主廚多米尼克．洛里（Dominique Lory）的新廚房。他的眼睛發亮，我們彼此擁抱，這一刻我感受到他的真誠接待，這讓我有點不知所措。無以倫比的首席侍酒師諾艾爾．巴喬（Noël Bajor）為我們送來一杯香檳；我們在聚會上一起喝酒。那主廚您人在哪兒呢？在您宛如國家元首的行程表上，您總是在遙遠的地方，總是在忙碌著……

一些摩洛哥炸餃 barbajuan 讓我們胃口大開。新來的經理：迷人的克萊兒·索內帶我們到餐廳裡令人驚豔的凡爾賽風格用餐區。克萊兒曾是我在巴黎雅典娜廣場的助手，在這裡再度見到她，她令我充滿驕傲。庫蒂雅德世代！我認為傳承開始發揮效用了，這體現了我樂於推動的職業關係。再度在這裡見到克萊兒讓我百感交集，因為她擔任的是我過去的職務，是我在一九九一年至一九九四年出發至英格蘭之前擔任的職務。

後來，晚宴如夢境般展開，我像顧客般坐著，我甚至覺得自己是和您同桌的貴賓。我品嚐了帶有碘味的貝類佐鷹嘴豆、聖雷莫蝦佐魚子醬、大菱　佐豌豆、煙燻乳羔羊、少許當地覆盆子、橄欖油雪酪……這所有美好的時光都銘刻在我的記憶中。隔天中午，沒見到我永遠的朋友米歇爾·朗，我是無法離開巴黎飯店的。他已升職為餐廳經理，負責新的地中海概念餐廳 Ômer 的開張。我們才剛坐下，桌上就擺滿了中東什錦拼盤。鮪魚醬小牛肉、希臘紅魚子泥沙拉和鷹嘴豆泥、波瑞克餅、油炸鷹嘴豆餅、優酪乳湯……之後換成烤章魚觸手佐扁豆甜菜沙拉。我們對於這道極具視覺效果的菜肴感到眼花撩亂：整隻章魚掛在鞦韆上，我們可以從桌上直接用剪刀剪斷……順道一提：沒品嚐到開心果焦糖舒芙蕾之前不要離開。我直到現在都還在流口水。回到巴黎後，我始終對蒙地卡羅心生嚮往，懷抱著懷念和熱情、驕傲和感激等心情。我熱愛我的工作，以及它偶爾帶來的好處！

艾倫．杜卡斯，要怎麼說您呢？您的一切事蹟不是都已經有人述說或撰寫分享了嗎？沒錯，艾倫．杜卡斯既是領導者，也是先驅。沒錯，他就像太陽，散發著光暈和少見的魅力，他就是那種很有說服力的人。您從不放過任何的小細節，您認為所有的習慣都是壞習慣。對您堅信不移？沒錯，我昨天對您懷抱信心，而今天又會重新開始建立對您的信心。在您身邊，走完整個路程會比直接到達目標更有趣。您就像多刻面的迪斯可球，依觀察者的角度而定，會發現您有不同的角色面向。可以拿其他廚師來和您比較嗎？這是不可能的任務，因為艾倫．杜卡斯會不斷重新塑造自己。

在我們自以為認識他，或才剛開始了解他時，他就已經改變、蛻變、進化了……他不認為路是死的。限制？他沒有極限。他看得更高更遠，而且進步地比「別人」更快。我們曾經和亞歷山大．杜巴里（Alexandre Dubarry）三人一起在水族箱討論。水族箱是位於雅典娜廣場廚房對面的廚房私人餐桌，它根深蒂固的暱稱來自摩納哥路易十五的主廚餐桌。可以想像一個矩形房間有兩個窗洞，當窗洞關閉時，就會聽不到交談的聲音。我們可以饒富興味地看著他們的嘴像水族館裡的魚一樣開合……那天，我們討論關於可能名為「待客寶典」的方案可行性。艾倫．杜卡斯分享了一些軼事，每一件都強烈代表著他近幾年來接收到的和感受到的待客之道：在美國穿著小晚禮服參加名人舉辦的晚宴；夜幕低垂，在愛爾蘭鄉間偏遠的旅館中，旅館老闆以小小的燭光熱情接待：「我們正等著您！」我們專注地聽著，他的敘述非常引人入勝。但當講到在國際太空站感受到的接待，以及他對改善太空人飲食所做出的貢獻時……我和亞歷山大看著對方。我們瞬間消散了原本想建議艾倫．杜卡斯是時候該「回到」地球的想法，甚至為自己的膚淺感到尷尬。因為他已經讓我們迷失在宇宙中，他的宇宙中！

要如何用幾句話概括我們的合作關係？我認為自己是個有使命感、忠誠且樂於奉獻的人，但最重要的是，我堅決達成自己的目標。杜卡斯先生，和您一起，我們總是不斷超越極限，目標總是變得越來越多。在您的指揮下，一切的合作都會變得像是耐力賽。在自然派漫長爬升過程中，我明白最重要的是不要放棄，以及展開行動，因為我們一定會到達巔峰，巔峰就是二〇一五年米其林指南給我們三星的認可。

我謹以這短短的文字來感謝您賦予我的挑戰。我尤其感激您在這麼多年來為我提供和這些人在這些地方工作的機會，讓我可以經常和與我的抱負相符的人物往來，同時取得相關資源。我發自內心地說，是您促使我超越自我。我目前的限制？我已不再有限制……好戲還在後頭。展望未來！

致謝

Remerciements

感謝仍活在我心中的母親娜塔莉，每當我撫摸她送的首飾，我就會想到她。媽媽，失去你是我唯一的遺憾，你曾如此地為我的成功感到驕傲。我希望能和你分享我今日的成就，我今日的生活。

感謝對我如此吝於付出的父親……

感謝我的哥哥洛朗總是在我身邊支持著我。

感謝澤維爾，儘管我們距離遙遠，你仍是我永遠和每日的朋友。

感謝我的三個小孩羅賓、克拉拉、愛利莎。

感謝我的小白鴿（和我們初次相戀的城市同名），在多次的早餐約會後，我們從未離開過彼此。因為有你在身邊，我戀愛了。因為有你在身邊，我很快樂。我不再怕說這個字了！我愛我們。

感謝萊奧妮和雨果：「就像會長期看顧你們的天使一樣，我小白鴿的翅膀會一直保護著你們！」

感謝波利尼的教師兼培訓工作者科琳．哈克曼德，自我們在二〇〇七年相遇後，我們總是一起進行腦力激盪

感謝我的顧客皮耶和多米尼克、我位於特魯瓦的 Maxime Maury 腸肚包經銷商，你們既親切又慷慨。

感謝我的共同作者卡蜜兒．賽亞，她既懂得如何像榨柑橘果汁般壓榨我，也懂得從我三十六年的經驗和專業中提取精髓……

感謝將成為我們專業接班人的未來世代，感謝未來接棒且才華洋溢的年輕人……

目次檢索

丹尼・庫蒂雅德 Denis Courtiade

丹尼・庫蒂雅德擁有 36 年餐廳經營經驗，25 歲就獲得法國最佳分區主管，接著與三星名廚艾倫・杜卡斯合作，從摩納哥的路易十五餐廳到巴黎雅典娜酒店，擔任餐廳重要管理職位超過 27 年，曾兩度榮獲全球最佳餐廳經理獎，他獨特的「法式服務」在世界各地的美食界廣為人知。丹尼現在也開發各樣的課程，致力於培育新人，傳承技術。

1991 年　法國最佳分區主管（meilleur chef de rang de France）。

2010 年　國際美食學會頒發「最佳餐飲服務大獎」（Grand Prix de l'Art de la Salle）。

2015 年　他是第一位在《Le Chef》雜誌獲得「最優質餐飲服務」（Le Prix de la Salle）獎項的人。

2017 年　獲得美食指南《Guide Lebey》的「乳酪創新服務獎」（service innovant du fromage）。

2018 年　榮獲「MAUVIEL 1830 全球最佳餐廳經理獎」。

2019 年　他被美食指南《Gault & Millau》評為 2018/19 年度經理。

2020 年　法國文化部授予藝術和文學騎士勳章。